基于虚拟网络拓扑的
室内导航与应用

刘文平　著

本书受国家自然科学基金面上项目"基于在线群智感知的即插即用室内导航技术研究"（编号：61672213）和"面向泛在计算的精准室内导航技术研究"（编号：62072163）资助出版

科 学 出 版 社
北 京

内 容 简 介

本书首先介绍了如何利用群智感知用户收集的多源感知信息，来构建能作为室内导航全局参照框架的虚拟网络拓扑，建立用户所处的物理空间与虚拟网络拓扑的信息空间的映射关系，进而把物理空间中的用户定位、导航跟踪等问题转化为信息空间中的数据匹配问题。此外，作者还将该思路进一步拓展应用于公交定位等。本书力求突破现有导航技术的桎梏，为室内导航技术研究提供一种新的思路。

本书可供计算机相关专业人员、从事室内定位相关研究的人员参考。

图书在版编目（CIP）数据

基于虚拟网络拓扑的室内导航与应用 / 刘文平著. -- 北京 ：科学出版社, 2025. 3. -- ISBN 978-7-03-081686-3

I. TN96

中国国家版本馆 CIP 数据核字第 2025G9R878 号

责任编辑：吉正霞　刘小娟/责任校对：高　嵘
责任印制：徐晓晨/封面设计：苏　波

科 学 出 版 社 出版

北京东黄城根北街 16 号
邮政编码：100717
http://www.sciencep.com

北京中科印刷有限公司印刷
科学出版社发行　各地新华书店经销
*

开本：787×1092　1/16
2025 年 3 月第 一 版　　印张：9 1/2
2025 年 3 月第一次印刷　　字数：221 000

定价：150.00 元
（如有印装质量问题，我社负责调换）

作者简介

刘文平，1977年生，四川广安人，中国农工民主党湖北省委员会委员，中国人民政治协商会议第十三届湖北省委员会委员，湖北经济学院信息管理学院（大数据与数字经济研究院）常务副院长，三级教授。华中科技大学博士后，电气与电子工程师学会（Institute of Electrical and Electronics Engineers，IEEE）高级会员，中国计算机学会高级会员，加拿大西蒙菲莎大学访问学者，湖北省信息学会理事会理事。主持国家自然科学基金3项，主持湖北省高等学校优秀中青年科技创新团队、武汉市青年科技晨光计划和中国博士后科学基金面上项目等6项。在 *IEEE/ACM TON*，*IEEE TMC*，*IEEE TPDS*，*IEEE TC*，*ACM MOBIHOC*，*IEEE INFOCOM*，*IEEE ICNP*，*IEEE ICDCS* 等国际权威学术期刊和会议上发表论文50多篇，出版专著2部。*IEEE TMC*、*ACM TOSN*，*IEEE Communications Magazine*、*Computer Networks*、*Wireless Networks*、《软件学报》等国内外期刊审稿人，国家自然科学基金项目通讯评审专家。荣获湖北省优秀博士学位论文、地理信息科技进步奖二等奖、四川省社会科学优秀成果奖二等奖、ACM SIGCOMM中国新星奖、湖北省优秀学士学位论文指导老师、中国农工民主党中央先进个人等称号，入选武汉市江夏区"双十双百"人才计划。

前　言

　　早在 2015 年，我国《政府工作报告》中就提出"制定'互联网+'行动计划，推动移动互联网、云计算、大数据、物联网等与现代制造业结合"的网络强国战略。随后，2015 年通过的《中共中央关于制定国民经济和社会发展第十三个五年规划的建议》进一步强调："实施'互联网+'行动计划，发展物联网技术和应用，发展分享经济，促进互联网和经济社会融合发展。……支持基于互联网的各类创新。"

　　在国内，一系列标志性事件的出现，表明我国传统零售、电商等行业与互联网已开始发生"化学反应"：国内首家上线室内地图的万达电商正式成立，国美、苏宁、银泰、大悦城紧随其后，阿里喵街和万达飞凡被推出，室内创业公司如雨后春笋般涌现。室内导航不仅能给顾客带来全方位的基于位置的服务，也是刺激企业经济增长的"催化剂"。

　　科技巨头们也纷纷行动起来：Google 提供室内导航功能；苹果收购 WiFiSLAM；高德发布室内导航服务；腾讯投资 Somewhere；百度注资 IndoorAtlas，与华为携手进军室内定位与导航市场……可以预见的是，室内导航服务将便利人们的生活，具有广阔的应用前景。

　　另外，随着社交、商业或休闲等室内活动越来越频繁，人们对精准的室内导航服务需求日益迫切。将计算与环境融为一体的泛在计算，不仅可以为用户提供更好的服务体验，也能为商家带来更大利润，是实现"用户–商家"双赢的重要途径。例如，用户在大型商场购物时，商家通过实时跟踪其准确位置，结合用户画像提供个性化推荐服务，针对个体消费者推送当前商铺简介、商品折扣或餐饮服务等指向性实时信息，并提供精准的室内导航服务，使用户随时随地获得数字化服务。

　　然而，复杂的室内环境已成为 GPS 导航系统的"阿喀琉斯之踵"，加上室内地图资源严重缺乏，室内导航"最后一公里"问题并未得到有效解决。所以，深入研究室内导航技术，提升基于位置的服务水平，对助力我国产业转型升级具有重要的现实意义和战略价值。

　　本书定位于导航服务的基本依据主要为如下两点：①室内密集分布的活动人群（即在线群智感知参与者）覆盖了整个感兴趣的步行空间，这些人群所处位置可看作步行空间的离散抽样；②他们携带的商用部件法（commodity-off-the-shelf，COTS）移动设备感知的 Wi-Fi 等信息，可用于建立与物理世界相对应的虚拟网络，从而为室内导航提供一个全局参照框架，可为导航用户（以下简称"用户"）提供位置锁定、路径计算与实时跟踪等服务。

　　因此，本书从室内导航的内在本质出发，提出借助群智感知参与者（即室内活动用户）采集到的 Wi-Fi、气压计、陀螺仪、罗盘等多源信息，构建加权、有向的虚拟网络拓扑，以之作为室内导航的全局参照框架，将用户所处的物理空间映射至虚拟的信息空间，从而把物理空间中的用户定位、导航跟踪等问题转化为信息空间中的数据匹配问题，大幅降低导航服务对室内地图的依赖性。此外，本书还将空间定位问题本质上为空间划分与信号匹配问题这一结论，推广到其他应用领域，解决城市公交定位跟踪等问题。

具体来说，本书的主要内容及组织结构如下。

第 1 章绪论，主要介绍常见的室内导航模式，分析它们的优缺点，指出本书的创新之处。

第 2 章提出一种基于动态地图生成的室内导航技术。在没有定位系统或行人轨迹的应急环境中，当有足够的参与者（例如一群恐慌的人）时，参与者收集的 Wi-Fi 信息可以作为他们所处未知位置的指纹（称为位置指纹）。通过计算这些位置指纹的相对关系，有效构建成一个全局地图。这样构建出的地图反映了对应步行空间的拓扑结构，因此其具有为任何用户提供导航服务的潜力。室内导航系统 Fly Navi 正是基于这样的思路来研发的。具体来说，每个参与者上传的多源感知数据，在服务器上经过分析处理后生成局部地图，再经过局部地图拼接等一系列步骤得到全局（动态）地图。基于全局地图，Fly Navi 可以计算用户当前位置与给定目的地之间的导航路径，并实时跟踪导航进度。

第 3 章提出一种基于非调制光源构建虚拟图的室内导航技术。室内无处不在的照明系统，实际上为室内导航提供了一种天然的参照框架。但是，本书并没有直接利用照明系统本身来设计室内导航系统。一是因为它难以获取，二是因为它与步行空间不是一一对应的。也就是说，如果两个光源在照明系统布局对应的欧氏坐标中很近，它们之间可能存在障碍物而导致在步行空间上相距甚远。因此，本章借助群智感知用户收集的光源的光强信息，通过识别光强峰值来建立由若干顶点（对应于峰值）和边（对应于两个相邻峰值）组成的行人轨迹；将多用户生成的行人轨迹合并来生成更大的虚拟图，从而为室内导航提供定位与导航参照框架。

第 4 章提出一种基于机器学习的 Wi-Fi 距离估计与应用。前面两章构建的虚拟图中，准确计算图中边的长度至关重要，因为它影响到导航路径长度和导航跟踪进度的准确性。本章将介绍一种基于机器学习的 Wi-Fi 指纹间距离的测量方法。通过建立适当的数据集，WiDE 自动学习有强大表征能力的特征集合，再采用机器学习方法来预测不同用户采集的 Wi-Fi 指纹间距离，并将距离预测结果运用于精准的群组分析中。

第 5 章提出一种基于三维传感器网络一维流形骨架的导航协议。与前面三章不同的是，本章借助了预先部署的自组织传感器网络来构建全局参照框架，利用传感器节点间的连接信息构建的网络拓扑，提取网络一维流形骨架，给出具有最小危险暴露程度的导航路径，为应急场景下的用户提供安全导航服务。

第 6 章利用定位问题本质上是空间划分与信号匹配这一结论，提出利用城市环境中沿着道路部署的、带有地理位置标记的 Wi-Fi AP，构建信号沃罗诺伊图，并通过乘客智能设备感知的 Wi-Fi 等信息实现公交定位和到达时间预测。

本书是作者多年来在室内导航及应用等方面的研究成果总结，由于作者水平有限，书中难免存在不妥之处，恳请读者批评指正！

刘文平

2023 年 12 月 28 日于武汉

目　录

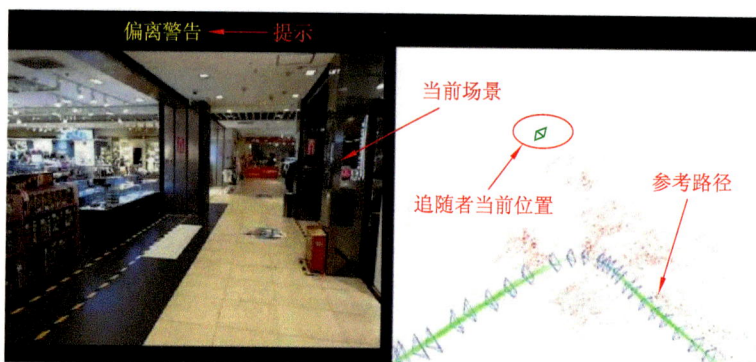

图 1.1.3　基于参考路径的偏离警告[54]

Escort 系统[37]利用每个先行者移动设备的感知数据，生成一条具有时间戳的行走路径。根据设备周期性发送和接收的音频信号，识别多路径间是否存在交叉，最终形成一张全局地图。以此地图为基础，Escort 为每个追随者计算一条由<位移，角度>序列构成的导航路径；经过一定位移后，显示下一步行走方向（即角度）。

Travi-Navi 系统[52]利用先行者在室内行走过程中捕捉的走道图像，对 Wi-Fi 指纹和惯性传感器进行抽样，形成一条参考路径。对追随者进行位置锁定后，下载与其具有相同起点和终点的参考路径，再将 Wi-Fi 指纹和惯性传感器读数与参考路径进行匹配，实现用户行走进程的实时跟踪。

FOLLOWME 系统[53]包含路径收集和实时导航两个模块。路径收集模块记录先行者在室内行走过程中所感知的数据，运用磁场强度预处理、步伐识别、转弯和楼层改变探测等方法，生成一条具有时间戳的参考路径。基于追随者的感知数据，实时导航模块负责计算其在参考路径中的相对位置。若追随者偏离了参考路径，系统会给出掉头、转弯提示，让其回到参考路径上。

Pair-Navi 系统[54]运用移动可视化 SLAM（simultaneous localization and mapping，即时定位与地图构建）技术来实现端对端的导航服务。通过复制先行者的轨迹，以点对点（P2P）模式引导导航用户。该系统利用了商用智能手机上视觉 SLAM 技术的先进性，如图 1.2.3 所示。由于视觉 SLAM 系统在精度和鲁棒性方面容易受到环境动态的影响，且计算量大，不利于动态实时应用，因此系统只保留静态和刚性信息，并对先行者和追随者的高度耦合 SLAM 模块进行解耦和重新组织。

1.1.3　导航模式特点

总体而言，两种导航模式各有所长：室内平面图+室内定位技术的导航模式 I 以室内平面图为全局参照框架，能为任意位置的用户提供导航服务，具备较强的灵活性；端到端的导航模式 II 不依赖于室内平面图，可以低成本实现室内导航。然而，它们仍然存在一些缺陷，具体体现在以下两个方面。

（1）导航模式 I 中，室内平面图和定位结果是决定导航性能的两大要素。室内平面图数据的高度动态性和地图采集的高昂成本，使不少公司宁愿做轻量级的 3D 引擎，也不愿涉足室内平面图采集领域，导致室内导航服务未能进入大众视野。基于群智感知的室内平面图构建模式虽然可行，但如何确保其覆盖度和准确性，是该模式面临的巨大挑战。模式 I 中的三种室内定位算法虽各具特色，但亦有不足。具体不足表现为：①依赖于特殊设备的方法，不利于这些系统在实际中应用；②基于指纹库的定位算法较为先进，但沿街扫描和指纹库定期更新所带来的高昂成本，阻碍了其广泛应用；③基于模型的定位算法成本低廉，但定位误差较大；④基于传感器的定位算法同样受到精度困扰；⑤基于可见光的定位算法能实现亚米级室内定位，但需人为调制 LED 灯频率并修改 COTS 移动设备，或需借助室内平面图和室内照明系统布局。

（2）导航模式 II 中，Escort 系统需要安装特殊装置作为信标节点，才能校准用户位置与探测路径交叉；Travi-Navi 系统和 Pair-Navi 系统要求先行者在行走过程中拍照，对拍照时机要求颇高，且追随者需通过识别走道图像来确定行走路线，不适合用户零干预的导航系统，也无法实现跨楼层导航。FOLLOWME 系统利用气压计探测是否有上楼或者下楼行为发生，但无法给出准确改变的楼层数（仅仅给出上下楼的指示远远不够），且对地磁场序列进行匹配造成的时延（delay）较大。此外，Travi-Navi 系统和 FOLLOWME 系统需要追随者的起点和终点与参考路径完全一致，不适合随机性的应用。

1.2 本书观点与主要创新

位置锁定、路径计算和导航跟踪是室内导航的基本功能。传统的室内导航技术基于室内平面图进行用户定位与跟踪，但室内平面图通常难以获取，或成本过于高昂，导致室内导航系统难以大规模应用。换个角度看，导航路径本质上是由一些点和边组成的拓扑图，其起点和终点代表用户的当前位置与目标位置，而路径的关键点则提示用户需要在此改变行走模式（如左/右转、上/下楼等）。只要导航系统能实时提示用户在关键点位置改变行走模式，导航用户就能成功到达目的地而不会偏离导航路径。因此，如果能构建一种拓扑，使拓扑中的每个点都对应于室内步行空间中的一个区域，那么导航功能中的位置锁定、路径计算与导航跟踪服务都可以在该拓扑中进行，从而避免使用室内平面图。

室内普遍存在的照明系统或携带智能设备的活动人员，其对应位置都可以看作室内步行空间的抽样点；若能以某种方式将这些抽样点有序连接起来，形成一个覆盖完整室内步行空间的虚拟网络图，就可以在虚拟网络图上进行用户定位与导航。本书正是在这种新颖观点基础上，利用群智感知方法来实现虚拟地图构建与导航服务。具体实现方法如下所述。

其一，室内密集分布的活动人员覆盖了整个感兴趣的步行空间，他们携带的 COTS 移动设备可实时感知周围的物理信号，这些信号与用户所在位置一一对应，形成位置指纹。通过一系列预设好的算法，识别出位置指纹间的邻近关系和方向性等信息，进而构建起加权、有向的虚拟网络拓扑。以此拓扑作为室内导航的全局参照框架，对导航用户进行位置指纹匹配，实现用户位置锁定，并在虚拟网络拓扑上根据给定目标位置计算出导航路径。导航过程中，对用户进行实时定位与跟踪，并在探测到路径偏离时，实时重新规划导航路径。

其二，室内环境中的照明系统，具有良好的拓扑结构且不需要额外部署，是天然的室内导航全局参照框架。但是，由于存在障碍物，照明系统的拓扑结构并不能直接应用于室内导航。这是因为物理上的欧氏空间与现实中的步行空间无法对应，两个相近光源下用户的行走路程较长。由于光源的光强与光传感器的距离成反比，当用户离光源越近时，手机感知的光强越大，反之则光强越小，这表明光源与光强峰值之间存在一一对应关系。因此，利用群智感知获取用户在室内行走时收集的光强数据，为每个用户建立一条由若干个顶点和边组成的行走轨迹，其中每个顶点对应于一个光源，每条边对应于行走空间上的两个光源，然后将多个用户生成的行走轨迹进行合并，就可以得到一个覆盖室内步行空间的虚拟图，以之作为室内导航的全局参照框架，为用户提供位置锁定、路径计算与导航跟踪等服务。

本书提出的基于虚拟网络拓扑的室内导航技术，既具备导航模式 I 的灵活性，又兼具导航模式 II 的低成本优点，力图为轻量级、可视化室内导航服务提供新的解决方案，推动室内导航的大规模应用，促进基于位置的导航服务的不断发展；既有较高的学术价值，又有迫切的现实需求，其重要性不言而喻。

参 考 文 献

[1] GAO R P, ZHAO M M, YE T, et al. Jigsaw: indoor floor plan reconstruction via mobile crowdsensing[C]// MobiCom'14: Proceedings of the 20th Annual International Conference on Mobile Computing and Networking, MOBICOM, September 7-11, 2014, Maui Hawaii, USA. New York: ACM, 2014: 249-260.

[2] WU K S, XIAO J, YI Y W, et al. CSI-based indoor localization[J]. IEEE Transactions on Parallel and Distributed Systems, 2013, 24(7): 1300-1309.

[3] WANT R, HOPPER A, FALCÃO V, et al. The active badge location system[J]. ACM Transactions on Information Systems(TOIS), 1992, 10(1): 91-102.

[4] PRIYANTHA N B, CHAKRABORTY A, BALAKRISHNAN H. The Cricket location-support system[C]// MobiCom'00: Proceedings of the 6th Annual International Conference on Mobile Computing and Networking, August 6-11, 2000, Boston, MA, USA. New York: ACM, 2000: 32-43.

[5] WARD A, JONES A, HOPPER A. A new location technique for the active office[J]. IEEE Personal Communications, 1997, 4(5): 42-47.

[6] NI L M, LIU Y H, LAU Y C, et al. LANDMARC: indoor location sensing using active RFID[J]. Wireless Networks, 2004, 10(6): 701-710.

[7] LIU K K, LIU X X, LI X L. Guoguo: enabling fine-grained indoor localization via smartphone[C]// MobiSys'13: Proceedings of the 11th Annual International Conference on Mobile Systems, Applications, and Services, June 25-28, 2013, Taipei, Taiwan, China. New York: ACM, 2013: 235-248.

[8] BAHL P, PADMANABHAN V N. RADAR: an in-building RF-based user location and tracking

system[C]//Proceedings IEEE INFOCOM 2000. Conference on Computer Communications. Nineteenth Annual Joint Conference of the IEEE Computer and Communications Societies (Cat. No.00CH37064). March 26-30, 2000, Tel Aviv, Israel. New York: IEEE, 2000: 775-784.

[9] YOUSSEF M, AGRAWALA A. The Horus WLAN location determination system[C]//MobiSys'05: Proceedings of the 3rd International Conference on Mobile Systems, Applications, and Services, June 6-8, 2005, Seattle, Washington, USA. New York: ACM, 2005: 205-218.

[10] VARSHAVSKY A, DE LARA E, HIGHTOWER J, et al. GSM indoor localization[J]. Pervasive and Mobile Computing, 2007, 3(6): 698-720.

[11] CHENG Y C, CHAWATHE Y, LAMARCA A, et al. Accuracy characterization for metropolitan-scale Wi-Fi localization[C]//MobiSys'05: Proceedings of the 3rd International Conference on Mobile Systems, Applications, and Services, June 6-9, 2005, Seattle, Washington, USA. New York: ACM, 2005: 233-245.

[12] AZIZYAN M, CONSTANDACHE I, ROY CHOUDHURY R. SurroundSense: mobile phone localization via ambience fingerprinting[C]//MobiCom'09: Proceedings of the 15th Annual International Conference on Mobile Computing and Networking, September 20-25, 2009, Beijing, China. New York: ACM, 2009: 261-272.

[13] HAEBERLEN A, FLANNERY E, LADD A M, et al. Practical robust localization over large-scale 802.11 wireless networks[C]//MobiCom'04: Proceedings of the 10th Annual International Conference on Mobile computing and networking, September 26-October 1, 2004, Philadelphia, PA, USA. New York: ACM, 2004: 70-84.

[14] NANDAKUMAR R, CHINTALAPUDI K K, PADMANABHAN V N. Centaur: locating devices in an office environment[C]//MobiCom'12: Proceedings of the 18th Annual International Conference on Mobile Computing and Networking, August 22-26, 2012, Istanbul, Turkey. New York: ACM, 2012: 281-292.

[15] LIU H B, GAN Y, YANG J, et al. Push the limit of WiFi-based localization for smartphones[C]//MobiCom'12: Proceedings of the 18th Annual International Conference on Mobile Computing and Networking, August 22-26, 2012. Istanbul, Turkey. New York: ACM, 2012: 305-316.

[16] WEN Y T, TIAN X H, WANG X B, et al. Fundamental limits of RSS fingerprinting based indoor localization[C]//2015 IEEE Conference on Computer Communications (INFOCOM), April 26-May 1, 2015, Hong Kong, China. New York: IEEE, 2015: 2479-2487.

[17] TARZIA S P, DINDA P A, DICK R P, et al. Indoor localization without infrastructure using the acoustic background spectrum[C]//MobiSys'11: Proceedings of the 9th International Conference on Mobile Systems, Applications, and Services, June 28-July 1, 2011, Bethesda, Maryland, USA. New York: ACM, 2011: 155-168.

[18] CHUNG J, DONAHOE M, SCHMANDT C, et al. Indoor location sensing using geo-magnetism[C]//MobiSys'11: Proceedings of the 9th International Conference on Mobile Systems, Applications, and Services, June 28-July 1, 2011, Bethesda, Maryland, USA. New York: ACM, 2011: 141-154.

[19] CHEN Y, LYMBEROPOULOS D, LIU J, et al. FM-based indoor localization[C]//MobiSys'12: Proceedings of the 10th International Conference on Mobile Systems, Applications, and Services, June 25-29, 2012, Low Wood Bay, Lake District, UK. New York: ACM, 2012: 169-182.

[20] YANG Z, ZHOU Z M, LIU Y H. From RSSI to CSI: indoor localization via channel response[J]. ACM Computing Surveys, 2013, 46(2): 1-32.

[21] MADIGAN D, EINAHRAWY E, MARTIN R P, et al. Bayesian indoor positioning systems[C]// Proceedings IEEE 24th Annual Joint Conference of the IEEE Computer and Communications Societies, March 13-17, 2005, Miami, FL, USA. New York: IEEE, 2005: 1217-1227.

[22] JI Y M, BIAZ S, PANDEY S, et al. ARIADNE: a dynamic indoor signal map construction and localization system[C]//MobiSys'06: Proceedings of the 4th International Conference on Mobile Systems, Applications and Services, June 19-22, 2006, Uppsala, Sweden. New York: ACM, 2006: 151-164.

[23] LIM H, KUNG L C, HOU J C, et al. Zero-configuration, robust indoor localization: theory and experimentation[C]// Proceedings IEEE INFOCOM 2006.25TH IEEE International Conference on Computer Communications, April 23-29, 2006, Barcelona, Spain. New York: IEEE, 2006: 1-12.

[24] CHINTALAPUDI K, PADMANABHA IYER A, PADMANABHAN V N. Indoor localization without the pain[C]//MobiCom'10: Proceedings of the 16th Annual International Conference on Mobile Computing and Networking, September 20-24, 2010, Chicago, Illinois, USA. New York: ACM, 2010: 173-184.

[25] YOUSSEF M, YOUSSEF A, RIEGER C, et al. Pinpoint：An Asynchronous Time-based Location Determination System[C]//MobiSys'06: Proceedings of the 4th International Conference on Mobile Systems, Applications and Services, June 19-22, 2006, Uppsala Sweden. New York: ACM, 2006: 165-176.

[26] NICULESCU D, NATH B. VOR base stations for indoor 802.11 positioning[C]//MobiCom'04: Proceedings of the 10th Annual International Conference on Mobile Computing and Networking, September 26-October 1, 2004, Philadelphia, PA, USA. New York: ACM, 2004: 58-69.

[27] XIONG J, JAMIESON K. ArrayTrack: a fine-grained indoor location system[C]//nsdi'13: Proceedings of the 10th USENIX Conference on Networked Systems Design and Implementation, April 2-5, 2013, CA, USA. New York: ACM, 2013: 71-84.

[28] FERRIS B, FOX D, LAWRENCE N. WiFi-SLAM using Gaussian process latent variable model[C]// IJCAI'07: Proceedings of the 20th International Joint Conference on Artifical Intelligence, January 6-12, 2007, Hyderabad, India. New York: ACM, 2007: 2480-2485.

[29] RAI A, CHINTALAPUDI K K, PADMANABHAN V N, et al. Zee: zero-effort crowdsourcing for indoor localization[C]//MobiCom'12: Proceedings of the 18th Annual International Conference on Mobile Computing and Networking, August 22-26, 2012, Istanbul, Turkey. New York: ACM, 2012: 293-304.

[30] YANG Z, WU C S, LIU Y H. Locating in fingerprint space: wireless indoor localization with little human intervention[C]//MobiCom'12: Proceedings of the 18th Annual International Conference on Mobile

Computing and Networking, August 22-26, 2012, Istanbul, Turkey. New York: ACM, 2012: 269-280.

[31] WU C S, YANG Z, LIU Y H, et al. WILL: Wireless Indoor Localization without Site Survey[C]// 2012 Proceedings IEEE INFOCOM, March 25-30, 2012, Orlando, FL, USA. New York: IEEE, 2012: 64-72.

[32] WANG H, SEN S, ELGOHARY A, et al. No need to war-drive: unsupervised indoor localization[C]// MobiSys'12: Proceedings of the 10th International Conference on Mobile Systems, Applications, and Services, June 25-29, 2012, Low Wood Bay, Lake District, UK. New York: ACM, 2012: 197-210.

[33] CONSTANDACHE I, CHOUDHURY R R, RHEE I. Towards mobile phone localization without war-driving[C]// 2010 Proceedings IEEE INFOCOM, March 14-19, 2010, San Diego, CA, USA. New York: IEEE, 2010: 1-9.

[34] KUMAR S, GIL S, KATABI D, et al. Accurate indoor localization with zero start-up cost[C]// MobiCom'14: Proceedings of the 20th Annual International Conference on Mobile Computing and Networking, September 7-11, 2014, Maui, Hawaii, USA. New York: ACM, 2014: 483-494.

[35] YANG Z, WU C S, ZHOU Z M, et al. Mobility increases localizability: a survey on wireless indoor localization using inertial sensors[J]. ACM Computing Surveys(CSUR), 2015, 47(3): 1-34.

[36] XU J G, YANG Z, CHEN H J, et al. Embracing spatial awareness for reliable WiFi-based indoor location systems[C]// 2018 IEEE 15th International Conference on Mobile Ad Hoc and Sensor Systems (MASS), October 9-12, 2018, Chengdu, China. New York: IEEE, 2018: 281-289.

[37] CONSTANDACHE L, BAO X, AZIZYAN M, et al. Did you see Bob? human localization using mobile phones[C]// MobiCom'10: Proceedings of the 16th Annual International Conference on Mobile Computing and Networking, September 20-24, 2010, Chicago, Illinois, USA. New York: ACM, 2010: 149-160.

[38] INOUE Y, SASHIMA A, KURUMATANI K. Indoor positioning system using beacon devices for practical pedestrian navigation on mobile phone[C]// UIC'09: Proceedings of the 6th International Conference on Ubiquitous Intelligence and Computing, July 7-9, 2009, Brisbane, Australia. Berlin, Heidelberg: Springer-Verlag, 2009: 251-265.

[39] DONG J, NOREIKIS M, XIAO Y, et al. ViNav: a vision-based indoor navigation system for smartphones[J]. IEEE Transactions on Mobile Computing, 2019, 18(6): 1461-1475.

[40] XIA Y, XIU C D, YANG D K. Visual indoor positioning method using image database[C]// 2018 Ubiquitous Positioning, Indoor Navigation and Location-Based Services (UPINLBS). Wuhan, China. IEEE, 2018: 1-8.

[41] XU J, CHEN H, QIAN K, et al. iVR：Integrated Vision and Radio Localization with Zero Human Effort[C]// Proceedings of the ACM on Interactive, Mobile, Wearable and Ubiquitous Technologies. New York: ACM, 2019: 1-22.

[42] ARMSTRONG J, SEKERCIOGLU Y A, NEILD A. Visible light positioning: a roadmap for international standardization[J]. IEEE Communications Magazine, 2013, 51(12): 68-73.

[43] JIMÉNEZ A R, ZAMPELLA F, SECO F. Light-matching: a new signal of opportunity for pedestrian indoor navigation[C]// International Conference on Indoor Positioning and Indoor Navigation, October

28-31st, 2013, Montbéliard, France. New York: IEEE, 2013: 1-10.

[44] ZHAO Z H, WANG J K, ZHAO X Y, et al. NaviLight: indoor localization and navigation under arbitrary lights[C]//IEEE INFOCOM 2017-IEEE Conference on Computer Communications. May 1-4, 2017, Atlanta, GA, USA. New York: IEEE, 2017: 1-9.

[45] XU Q, ZHENG R, HRANILOVIC S. IDyLL: indoor localization using inertial and light sensors on smartphones[C]//UbiComp'15: Proceedings of the 2015 ACM International Joint Conference on Pervasive and Ubiquitous Computing, September 7-11, 2015, Osaka, Japan. New York: ACM, 2015: 307-318.

[46] LIU W P, JIANG H B, JIANG G Y, et al. Indoor navigation with virtual graph representation: exploiting peak intensities of unmodulated luminaries[J]. IEEE/ACM Transactions on Networking, 2019, 27(1): 187-200.

[47] HU P, LI L Q, PENG C Y, et al. Pharos: enable physical analytics through visible light based indoor localization[C]//HotNets-XII: Proceedings of the Twelfth ACM Workshop on Hot Topics in Networks, November 21-22, 2013, University of Maryland, College Park, Maryland, USA. New York: ACM, 2013: 1-7.

[48] LI L Q, HU P, PENG C Y, et al. Epsilon: a visible light based positioning system[C]//NSDI'14: Proceedings of the 11th USENIX Conference on Networked Systems Design and Implementation, April 2-4, 2014, Seattle, WA, USA. New York: ACM, 2014: 331-343.

[49] KUO Y S, PANNUTO P, HSIAO K J, et al. Luxapose: indoor positioning with mobile phones and visible light[C]//MobiCom'14: Proceedings of the 20th Annual International Conference on Mobile Computing and Networking, September 7-11, 2014, Maui, Hawaii, USA. New York: ACM, 2014: 447-458.

[50] XIE B, TAN G, HE T. SpinLight: a high accuracy and robust light positioning system for indoor applications[C]//SenSys'15: Proceedings of the 13th ACM Conference on Embedded Networked Sensor Systems, November 1-4, 2015, Seoul, South Korea. New York: ACM, 2015: 211-223.

[51] YANG Z C, WANG Z Y, ZHANG J S, et al. Wearables can afford: light-weight indoor positioning with visible light[C]//MobiSys'15: Proceedings of the 13th Annual International Conference on Mobile Systems, Applications, and Services, May 18-22, 2015, Florence, Italy. New York: ACM, 2015: 317-330.

[52] ZHENG Y Q, SHEN G B, LI L Q, et al. Travi-navi: self-deployable indoor navigation system[C]//MobiCom'14: Proceedings of the 20th Annual International Conference on Mobile Computing and Networking, September 7-11, 2014, New York: ACM, 2014: 471-482.

[53] SHU Y C, SHIN K G, HE T, et al. Last-mile navigation using smartphones[C]//MobiCom'15: Proceedings of the 21st Annual International Conference on Mobile Computing and Networking, September 7-11, Paris, France. New York: ACM, 2015: 512-524.

[54] DONG E Q, XU J G, WU C S, et al. Pair-navi: peer-to-peer indoor navigation with mobile visual SLAM[C]//IEEE INFOCOM 2019-IEEE Conference on Computer Communications. Paris, France. IEEE, 2019: 1189-1197.

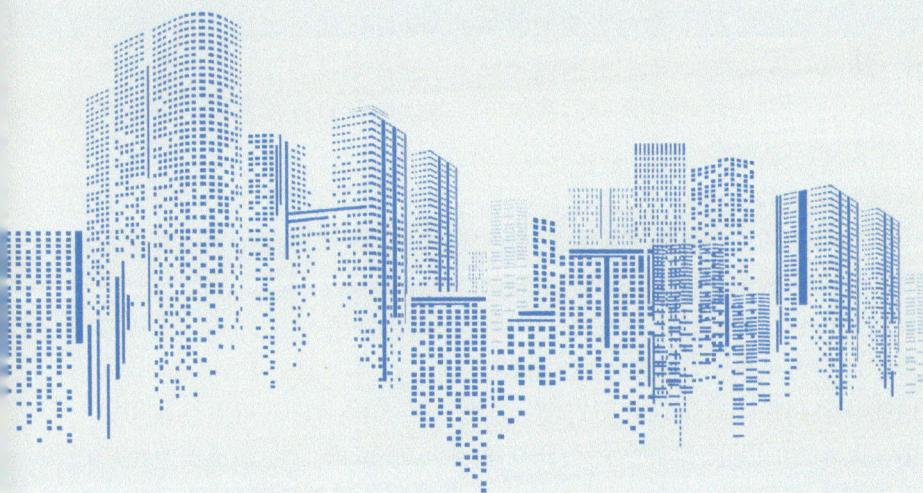

第 2 章　基于动态地图生成的室内导航

如第 1 章所述，关于室内导航方面的已有研究工作，通常需要在参与导航的室内环境中进行一些预部署，例如，现成的室内平面图、定位系统和/或额外的（定制的）硬件，或者人体运动轨迹。而当现实情况无法满足这些要求时（例如在应急环境下，可能没有预部署的定位系统或足够稠密的运动轨迹，却要为恐慌人群提供导航服务），其应用将受到极大限制。现实中有另外一种现象，在没有预部署的情况下，若室内有足够多的群智感知参与者（例如，一群恐慌的人），参与者实时收集的 Wi-Fi 指纹可以作为他们所在位置（未知）的指纹（称为位置指纹）。本书另辟蹊径提出了新的解决方法，通过在虚拟空间中计算这些位置指纹对应节点的相对坐标，系统可以将这些节点连接起来，形成一个全局虚拟地图。这样构造出的虚拟地图，反映了用户所在地可步行空间的真实拓扑结构，因此具有为任何有导航需求的用户提供导航路径计算与导航跟踪服务的潜力。基于此，我们通过生成基于群智感知的动态地图来设计室内导航系统（称为 Fly-Navi），其主要应用场景是具有直线和狭窄走廊的室内空间。具体来说，每个参与者携带的智能设备将多个传感器的感知数据上传到云服务器，云服务器则通过局部地图生成、局部地图拼接和边计算等一系列操作，动态生成一个虚拟的全局地图。基于全局地图，Fly-Navi 计算出用户到给定目的地的导航路径，并跟踪导航进度。实验表明，Fly-Navi 可以快速生成一个准确的全局地图（其中 80% 的指纹间距离估计误差小于 3 m，便于在地图上定位转折点进而为用户提供转弯指令服务），也可以将用户准确导航到他们的目的地。

2.1 概 述

随着室内社交、商务和个人活动的增加，人们对室内导航服务的需求越来越大。室内导航服务可以显著节省导航用户到达一个陌生的目的地可能产生的闲逛时间（例如，会见他们的朋友、到达感兴趣的商店等）。因技术手段有限，卫星定位系统在室内环境中工作效果不佳，导致室内导航成为"最后一公里"问题。尽管几十年来众多学者对室内导航已经开展了广泛、深入的研究，但在大规模部署室内导航服务方面的进展仍然相当缓慢，究其原因主要是当前的导航系统，无论是基于地标、基于位置还是基于先行者-追随者模式，都有弱点和缺陷。

基于地标的导航模式早已司空见惯。在任何一座城市里，室内或室外都随处可见方向指示牌，这些指示牌为路径方向导航指令提供了重要的引导。当用户在导航过程中观察到方向指示牌或其他作为地标的特殊设备[1]时，他就能确定接下来的行走方向，直至他找到下一个方向指示牌，或到达最终目的地。例如，假设艾丽丝正要去拜访她的朋友鲍勃。鲍勃住在一家酒店的 6061 房间里，但艾丽丝对这家酒店并不熟悉。当艾丽丝到达酒店时，她从大堂乘电梯到 6 楼后，观察到墙上挂着一些方向指示牌，如图 2.1.1（a）所示。她在三个方向指示牌导航下成功地到达了目的地，即鲍勃的 6061 房间。但这个过程存在的不足之处在于：①它需要用户干预（即阅读方向提示牌）；②它会产生显著的时间延迟，因为没有地标的全局图片，用户在遇到新的地标时需要停下来，以确定下一步行走方向；③它需要预先密集部署方向指示牌或地标，因而不适用于没有足够指示牌或地标的场景。

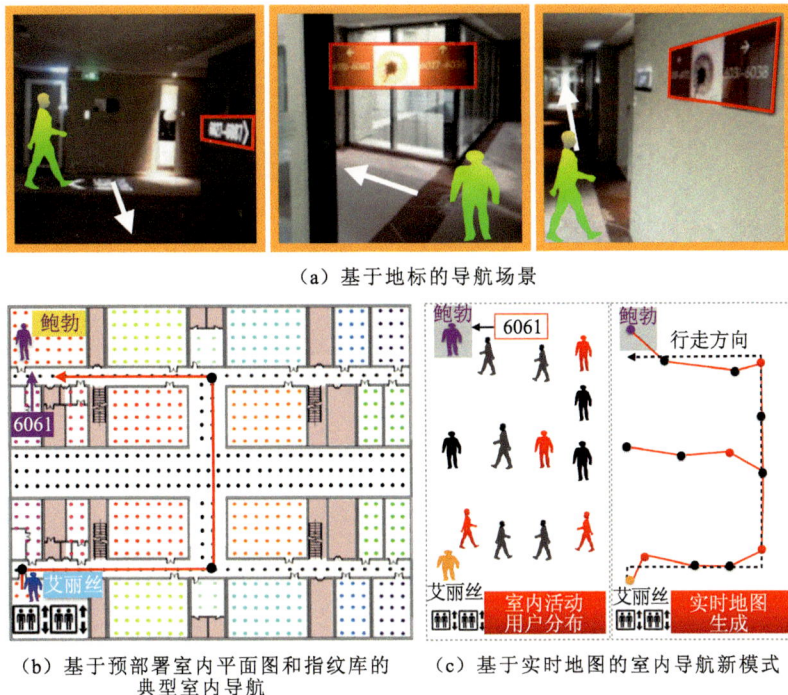

（a）基于地标的导航场景

（b）基于预部署室内平面图和指纹库的　　　（c）基于实时地图的室内导航新模式
　　　典型室内导航

图 2.1.1　导航示例

随着移动通信技术的发展和智能设备的深度渗透，近年来基于室内平面图和定位系统的新模式越来越受到研究人员和从业者的关注。如图 2.1.1（b）所示，通过预先部署的室内平面图（以手动或众包方式[2-4]）和指纹库，运用现有的定位方法[5-9]，通过将艾丽丝携带的移动设备所感知的 Wi-Fi 指纹信息与已有的指纹数据库相匹配，就可以计算出艾丽丝的位置。给定一个目的地（例如 6061 房间），系统可以为其计算一条导航路径，并通过定期更新艾丽丝的位置来跟踪导航进度，直至她到达 6061 房间。然而，这种导航模式要求预部署成本较高的室内平面图和指纹库，加之 Wi-Fi 信号不稳定而导致定位精度不高，以及其受设备和使用多样性[10]的影响，这些都阻碍了它在实践中的广泛应用。

先行者-追随者模式[11-13]是室内导航的新模式，即端到端导航模式。其中，先行者（例如早期旅行者）生成包含地磁场序列、行走模式等的参考路径，与先行者有相同目的地的追随者首先来到参考路径的起点，系统通过同步（即将传感器读数与参考路径进行匹配）来跟踪其导航进度。这种导航模式的优点在于它不依赖于室内平面图，但它需要先行者的（预先部署的）运动轨迹，并且先行者和追随者需有相同的起始位置和目的地。

一个问题自然出现了："能否设计一个室内导航系统，可以规避上述三种模式的缺点，但不牺牲导航的成功率呢？"本章综合基于地标的导航和基于定位的导航的关键思想，来努力回答上述问题。我们想设计一种新模式，所以不断挖掘其他模式的特点。导航中最重要的部分是正确提示改变行走方向（例如，向左转、上/下楼等）。当没有获得导航提示时，用户就会保持直线行走。对于基于地标的导航，导航用户在找到指令（例如，观察新的地标）之前不会改变行走方向，如果遵循地标，则不会错过目的地。对于基于定位的导航，离散指纹可以视为室内步行空间的一个样本。具有<位置$_i$，指纹$_i$>配对的指纹库，将指纹点云映射到对应的室内平面图上，这样我们就可以根据指纹匹配对用户进行定位。当用户到达导航路径上的转折点的附近位置时，系统将提供改变相应方向的指令。然而，由于这些指纹本身不是自连接为一张图，如果没有室内平面图，基于定位的导航系统根本无法计算导航路径，更不用说提供关于何时何地改变行走方向的准确说明了。对于先行者-追随者模式，通过将追随者的行走路径与参考路径相匹配来达到跟踪追随者的目的，如果参考路径中的行走模式发生变化，则系统提供相应的转向提示。此外，这三种模式在没有预部署（例如，方向指示牌、室内平面图或指纹库和参考路径）的情况下都是不可行的。

在本章中，我们聚焦于将这些关键见解拼接起来，以提供不需要任何预部署的室内导航服务。其核心理念是将在室内使用移动设备行走的活动用户收集到的 Wi-Fi 信号作为所在步行空间的样本。这些 Wi-Fi 信号自然地作为相应位置的指纹（即位置指纹与用户位置之间存在一一对应的关系），因此被称为位置指纹。成对位置指纹之间的相对位置（例如，它们在同一走廊上或不同但相邻的走廊上），如果可以推断出来，将有助于形成加权有向图。在此图中，每个位置指纹对应一个点，两个相近位置的指纹形成一条具有实值长度和方向的边（例如，Wi-Fi 信号用来计算距离，罗盘读数用来计算方向）。因此，图中对应于两个相邻走廊交叉处的转折点可以很容易被识别出来，以提供转向指示，如图 2.1.1（c）所示，其中左子图描述了分布在艾丽丝和鲍勃之间走廊上的用户（或位置指纹），右子图显示了相应的地图，相邻点之间的边用红线表示。每条边都被分配一个长度和方向，并用于在地图上计算艾丽丝和鲍勃之间的最短路径。

本书将这一想法付诸实践，并开发了 Fly-Navi 这一基于实时地图的导航系统，它可以为具有狭窄走廊的室内环境提供精确的转向提示。Fly-Navi 系统包含三部分（图 2.1.2）：活动用户的群智感知、实时地图生成，以及基于生成地图的室内导航。活动用户将行走过程中的感知数据——包括 Wi-Fi 接收信号强度（received signal strength，RSS）列表、陀螺仪和罗盘读数——上传到云服务器，并由云服务器来承担所有的计算任务。具体来说，对于实时地图的生成模块，服务器基于本章提出的 Wi-Fi 相似度来计算成对位置指纹之间的距离矩阵，并通过一系列操作（包括两阶段聚类和局部地图生成、局部地图拼接、边长的估计和方向的计算等）生成全局地图。在室内导航模块中，服务器为任何位置的导航用户计算出一条前往给定目的地的导航路径（例如，与艾丽丝朋友鲍勃的位置指纹对应的点），其中包括加权、有向边（包括需要转向动作的转折点）。导航过程中，Fly-Navi 估计每个用户的步长，进而通过计算行走步数来估算位移，从而通过提供一系列转向指令指引用户到达他们的目的地。

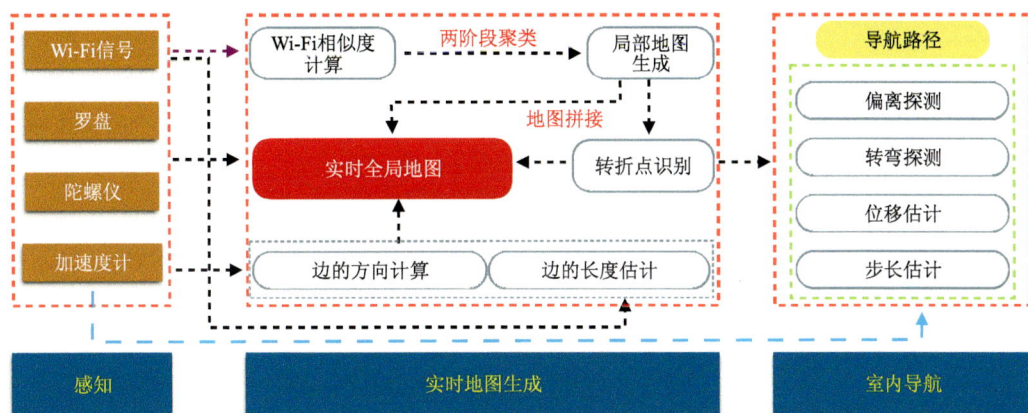

图 2.1.2 Fly-Navi 系统框架图

值得注意的是，本书的系统与现有的关于使用指纹来自动生成地图的系统有本质上的不同[14-18]，其他系统将众包而生成的人类运动轨迹连接到一个平面图中。而本系统只依赖于用户在室内感兴趣空间的不同位置进行活动（例如行走、散步或站立）时感知的指纹，这些位置指纹与室内空间的位置点云相对应；通过将这些点组合成动态全局地图，我们可以避免使用完整的运动轨迹（例如，起始位置和目的地）来构建地图。这一功能非常适合应急环境下的导航服务，例如为应急避险人群提供安全出口导航，因为它可以利用人群上传的感知数据来快速生成导航路径。

总体来说，本章的主要贡献可归纳如下。

（1）从一个新视角来看待室内导航问题，将活动用户与移动设备纳入动态地图生成中，其中并不需要诸如室内平面图、运动轨迹或方向指示牌之类的预部署。

（2）研究如何将位置指纹对应的点云连接到一个图形中，并开发了一个仅依靠收集到的 Wi-Fi 信号来估计位置指纹间距离的度量指标。此外，我们还通过使用 Wi-Fi 信号来估计用户的步长。

（3）在安卓平台上实现了导航系统原型，并通过大量实验来评估其性能。结果表明，位置指纹之间距离估计误差小于 3 m 的比例达到 80%，且可以准确定位转折点并提供准确的转向指令。

2.2 基于 Wi-Fi 的距离估计

2.2.1 多维标度法

本章利用 Wi-Fi 信号来估计活动用户感知到的成对位置指纹之间的步行距离，并应用经典多维标度（classical multi dimensional scaling，CMDS）技术[19]来生成局部相对地图，为有需要的用户提供准确的导航指令。

多维标度法是一种非线性降维技术，基于个体间距离矩阵 D[20]可以实现具有多维属性的对象间相似度的可视化，其中每个对象在 m（$m=2,3$）维空间中被分配一个坐标，以便尽可能保持对象间的距离。多维标度法已成功用于计算 Wi-Fi 接入点（access point，AP）位置[21]、用户位置[22]和传感器网络定位[19]。在许多多维标度法（multi dimensional scaling，MDS）技术中，CMDS 应用前景更为广阔，因为它可以产生一个快速和封闭解：给定对象间距离矩阵作为输入，它会输出一个经过最小化的所谓应变函数（定义如下）的坐标矩阵。

对于一个 $n×n$ 距离矩阵 $\boldsymbol{D}=(d_{ij})$，定义其内积矩阵为 $\boldsymbol{B}=-\dfrac{1}{2}\boldsymbol{HDH}^{\mathrm{T}}$，其中 $\boldsymbol{H}=\boldsymbol{I}-\dfrac{1}{n}\boldsymbol{1}^{\mathrm{T}}\boldsymbol{1}$，$\boldsymbol{I}$ 是 n 阶单位矩阵，$\boldsymbol{1}$ 是 n 维全 1 向量。CMDS 的目标是最小化以下损失函数（在 CMDS 中也称为应变函数）为

$$\mathrm{Strain}\boldsymbol{D}(x_1,x_2,\cdots,x_n)=\sqrt{\frac{\sum_{ij}(d_{ij}-\langle x_i,x_j\rangle)^2}{\sum_{ij}d_{ij}^2}} \tag{2.2.1}$$

式中：i,j（$i,j=1,2,\cdots,n$）分别表示第 i 个对象和第 j 个对象的下标；x_i，x_j 分别表示对象 i 和 j 的坐标。

要用 CMDS 得到方程（2.2.1）的解析解，需要对矩阵 $\boldsymbol{B}$ 进行特征分解。如果用 $\boldsymbol{\Lambda}$ 和 $\boldsymbol{Q}$ 分别表示 $\boldsymbol{B}$ 的特征值的对角矩阵和特征向量矩阵，那么，$\boldsymbol{B}$ 的特征值分解可以表示为 $\boldsymbol{B}=\boldsymbol{Q}\boldsymbol{\Lambda}\boldsymbol{Q}$。根据 CMDS，第 i 个对象的输出坐标为

$$X_i=(\sqrt{\lambda_{(1)}}q_{1i},\sqrt{\lambda_{(2)}}q_{2i},\cdots,\sqrt{\lambda_{(m)}}q_{mi}) \tag{2.2.2}$$

式中：$\lambda_{(k)}$ 是第 k 个最大特征值；q_{ki} 是第 k 个特征向量的第 i 个元素（$k=1,2,\cdots,m$）。我们首先生成同一楼层用户的位置指纹地图，然后通过跨楼层节点将这些不同楼层的地图连接起来，形成全局地图。因此，我们只需要计算最大的 m（$m=2$）个特征值和对应的特征向量，就可以得到一个二维坐标系。

2.2.2　指纹间的相异度计算

CMDS 需要一个相异度（例如欧氏距离）矩阵作为输入。为此，我们首先需要计算位置指纹之间的相异度。一种看似直观的方法是利用 Wi-Fi RSS 距离，它由活动用户众包到的 Wi-Fi 接收信号强度定义[11]。研究发现 Wi-Fi RSS 距离与近距离用户/节点之间的欧氏距离成正比。然而，基于设备多样性和使用多样性，即使是两个距离相同的成对用户，Wi-Fi RSS 距离变化也很大。换句话说，Wi-Fi RSS 距离和欧氏距离之间可能并不总是对应的，这就降低了它在估计指纹之间的相异度方面的价值。如果连这种估计指纹都是错误的，那么利用 CMDS 得到的结果自然就不会很准确。因此，本章提出了一种新的度量标准，即 Wi-Fi 相似度，在此基础上得到了一个相异度，实验也表明欧氏距离与 Wi-Fi 相似度之间的关系更加稳健。

我们通过实验得到了两个主要观察结果。①当两个用户更接近时，他们可能会感知

到来自更多共同 Wi-Fi AP 的 Wi-Fi 信号，反之共同 AP 数量会更少。②尽管 Wi-Fi 信号非常不稳定且存在设备多样性，但用户设备所感知的 Wi-Fi RSS 的相对顺序（即秩）通常是稳定的。例如，如果用户 1 从 Wi-Fi AP 1 收到比来自 Wi-Fi AP 2 更强的信号，那么这种信号强度的相对强弱关系可能也适用于附近的用户。图 2.2.1 证实了我们观察的正确性，其中的 52 个位置指纹与分布在我们的校园建筑走廊上的 52 个活动用户相对应 [图 2.2.1（a）]，包括感知到更多共同 Wi-Fi AP 的 3 对近距离用户 [即用户 1 和用户 2、用户 6 和用户 7、用户 13 和用户 14，如图 2.2.1（b）所示]，与相距较远或其间存在障碍物的成对用户 [即用户 1 和用户 6、用户 6 和用户 13 或用户 1 和用户 13，如图 2.2.1（c）所示] 形成鲜明对比，后者感知到的共同 AP 数量显著减少。换言之，在两邻近用户感知的位置 Wi-Fi 指纹中，无论是共同 Wi-Fi AP 的数量还是 Wi-Fi RSS 值的相对顺序，都存在明显的相关关系。

　　基于上述实验结果，本章提出利用共同 Wi-Fi AP 的占比和 Wi-Fi RSS 值的秩来构建一个稳健的指纹间 Wi-Fi 相似度和 Wi-Fi 相异度度量指标。具体来说，对于任何成对位置指纹 v_i 和 v_j，令 $F(i)$ 和 $F(j)$ 分别表示对应的感知 Wi-Fi RSS 列表，包括每个 Wi-Fi AP 的 BSSID（即 mac 地址）和 RSS 值。即，$F_1(i)$[或 $F_1(j)$]表示指纹 v_i（或 v_j）的 BSSID 列表，$F_2(i)$[或 $F_2(j)$]是对应的 RSS 值列表。然后将指纹 v_i 和 v_j 之间的共同 AP 比例定义为

$$\lambda(i,j)=\frac{|F_1(i)\bigcap F_1(j)|}{|F_1(i)\bigcup F_1(j)|} \tag{2.2.3}$$

式中，$|\cdot|$ 表示一个集合的元素个数。在不丧失一般性的情况下，我们假设 $F_2^k(i)$ 和 $F_2^k(j)$[$k=1,2,\cdots,l(i,j)$]分别为指纹 v_i 和 v_j 的第 k 个公共 Wi-Fi AP 的 RSS 值，其中 $l(i,j)=|F_1(i)\bigcap F_1(j)|$ 为公共 Wi-Fi AP 的数量。然后，对于 v_i，v_j 中的两对 RSS 值，比如 $(F_2^k(i),F_2^k(j))$ 和 $(F_2^m(i),F_2^m(j))$（$k\neq m$），如果

$$(F_2^k(i)-F_2^m(i))(F_2^k(j)-F_2^m(j)+\sigma)\geqslant 0$$

成立，我们称它们是一致的；如果

$$(F_2^k(i)-F_2^m(i))(F_2^k(j)-F_2^m(j)+\sigma)<0$$

成立，则我们称它们是不一致的。我们引入了参数 σ（在我们的实验中 $\sigma=5\ dBm$）来控制信号波动和设备多样性的影响，这是因为实验表明，当两个位置指纹非常接近时，来自共同 AP 的 Wi-Fi RSS 值的相对顺序可能会略有不同。接下来分别定义一致对和不一致对的数量如下：

$$N_c^{ij}=\sum_{1\leqslant k<m\leqslant l}I\{(F_2^k(i)-F_2^m(i)+\sigma)(F_2^k(j)-F_2^m(j)+\sigma)\geqslant 0\} \tag{2.2.4}$$

$$N_d^{ij}=\sum_{1\leqslant k<m\leqslant l}I\{(F_2^k(i)-F_2^m(i)+\sigma)(F_2^k(j)-F_2^m(j)+\sigma)<0\} \tag{2.2.5}$$

　　因此，两个位置指纹之间的相关系数 $\rho(i,j)$ 定义为

$$\rho(i,j)=\frac{N_c^{ij}-N_d^{ij}}{\dbinom{l}{2}} \tag{2.2.6}$$

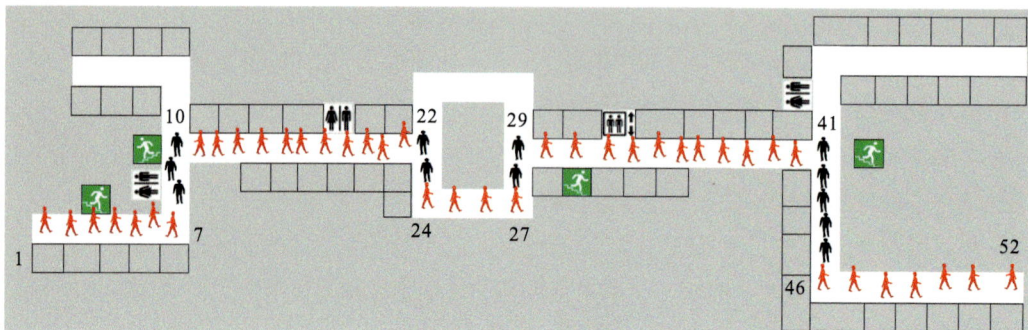

（a）52个位置指纹

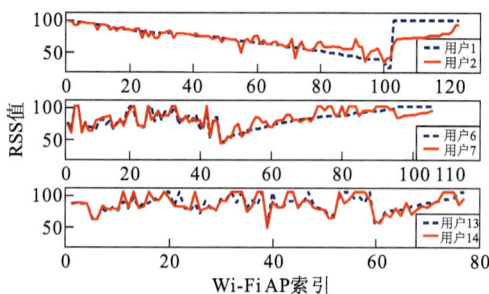

（b）近距离用户检测到的共同Wi-Fi AP数量更多，
RSS曲线更相似

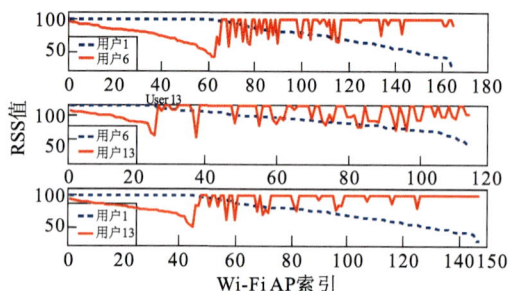

（c）相距较远的用户检测到的共同Wi-Fi AP数量更少，
RSS相对顺序不一致

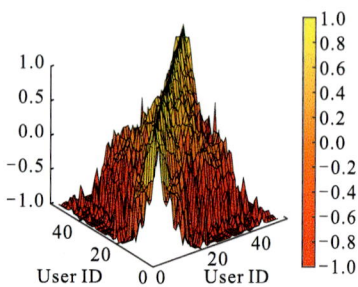

（d）指纹间Wi-Fi相似度曲面图

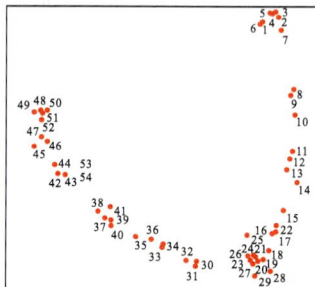

（e）CMDS产生了错误的用户布局

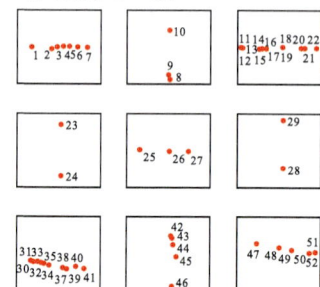

（f）经过两阶段聚类过程和CMDS
后的子簇

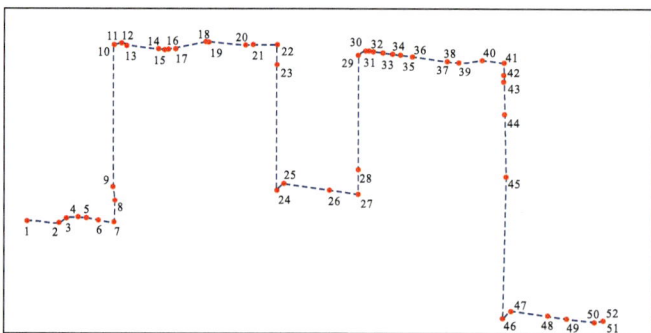

（g）拼接后的全局相对地图

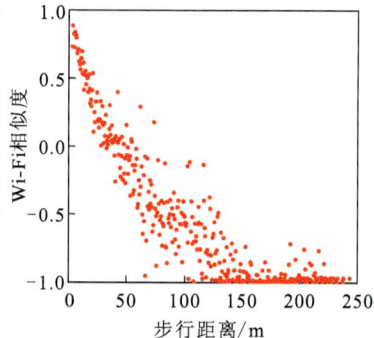

（h）步行距离和Wi-Fi相似度的关系图

图 2.2.1　本研究动机示例

理论上，$N_c^{ij} + N_d^{ij} = \begin{pmatrix} l(i,j) \\ 2 \end{pmatrix}$，$\rho(i,j) \in [-1,1]$，$\lambda(i,j) \in [0,1]$。两个位置指纹越接近，一致对的数量就越多，$\rho(i,j)$ 值也就越大；反之亦然。理想情况下，若位置指纹 v_i 与 v_j 感知到完全相同的 Wi-Fi AP，则有 $\lambda(i,j)=1, \rho(i,j)=1$。这样，我们就可以定义位置指纹 v_i 和 v_j 之间的 Wi-Fi 相似度如下：

$$\tau_{ij} = \lambda(i,j) \times \rho(i,j) \tag{2.2.7}$$

显然，$\tau_{ij} \in [-1,1]$。然而，由于设备具有多样性，即使两个拥有不同设备的用户站得非常近，感知到的 Wi-Fi AP 可能也并不总是相同的，这使得实际上很可能 $\tau_{ij} < 1$。另外，当收集到的位置指纹 v_i 和 v_j 相距很远时，很可能有 $l(i,j) < 1$，因此我们定义 $\tau_{ij} = -1$。图 2.2.1（d）描述了 52 个位置指纹的指纹间 Wi-Fi 相似度曲面。我们清楚地观察到，成对位置指纹越接近，Wi-Fi 相似度 τ 越大（相应的颜色越接近黄色），这表明 τ 是测量两位置指纹接近度的良好指标。

但需要注意的是，Wi-Fi 相似度 τ 并不是一个距离度量（例如，$\tau_{ij}=1$ 而不是 $\tau_{ij}=0$）。为了使 CMDS 技术适用于实时地图的生成，我们进一步定义了由 τ 衍生出的距离 d^{τ}。具体来说，对于用户 v_i 和 v_j [或位置指纹 $F(i)$ 和 $F(j)$]，它们之间的距离 d_{ij}^{τ} 定义为

$$d_{ij}^{\tau} = \sqrt{\tau_{ii} + \tau_{ij} - 2\tau_{ij}} = \sqrt{2 - 2\tau_{ij}} \tag{2.2.8}$$

满足 $d_{ii}^{\tau} = 0$ 和 $d_{ij}^{\tau} = d_{ji}^{\tau}$。利用这个新的相异度的度量，我们可以得到一个距离矩阵 $\boldsymbol{D}^{\tau} = (d_{ij}^{\tau})n \times ns$，然后应用 CMDS 技术生成位置指纹的相对坐标系（即动态地图）。d_{ij}^{τ} 在可步行空间中实际上并不是一个真正的距离度量。因此，为了在生成的动态地图上跟踪导航进度，我们必须估计位置指纹之间的真实可步行距离（例如，地图上的边长）。这可以通过基于 Wi-Fi 相似度建立可步行距离的线性函数来解决，如图 2.2.1（h）所示，2.3 节将详细介绍该方法。因为估计的距离会产生很大的累积误差，所以不能直接使用成对用户估计的指纹之间的可步行距离来实时生成地图。正确做法是，首先应用由 τ 衍生得到的距离矩阵来生成地图，然后根据所建立的线性函数来估计边长，从而避免直接使用估计距离造成的累积误差。

2.3　导航系统设计

2.3.1　概述

假设室内有许多带着移动设备的活动用户沿着狭窄而笔直的走廊行走[如图 2.2.1（a）中的 52 个用户]。当用户打开系统时，设备开始以一定的采样周期来感知 Wi-Fi 信息、陀螺仪和罗盘读数，持续感知 5 s，并将感知到的数据包上传到云服务器。之后，云服务器立即根据式（2.2.7）计算成对位置指纹之间的 Wi-Fi 相似度 τ，同时移动设备停止执行

感知任务，直到导航引擎启动。由于 CMDS 受到形状不规则的影响，无法在复杂的室内环境中准确恢复位置指纹的真实拓扑结构，如图 2.2.1（e）所示。

为解决这一问题，Fly-Navi 执行了以下步骤。首先，运用罗盘读数和 Wi-Fi 相似度将位置指纹划分为子簇，在每个子簇内运用 CMDS 生成一个局部坐标系[图 2.2.1（f）]，局部坐标系表示的是对应位置指纹的相对位置。然后，判断任意两个子簇是否相邻，若是则对其进行合并，并确定分别对应于这两个相邻子簇的两个相邻位置指纹，即转向点或转折点，最终生成一个全局相对地图，如图 2.2.1（g）所示。在此基础上，将同一子簇的两个相邻点与相邻子簇的两个拐点连接成一条边，并根据 Wi-Fi 相似度与步行距离的关系计算每条边的长度，见图 2.2.1（h），基于罗盘读数，我们确定出边的方向。此外，为了提供多层建筑的跨楼层导航，我们利用气压计读数进行楼层变化检测，从而计算出相邻位置指纹之间的楼层数之差。

根据生成的全局相对地图，导航服务器为用户计算一条可以到达目的地（例如，与导航用户的朋友感知到的位置指纹对应的点）的导航路径，并通过基于加速度读数的航位推算法来跟踪导航进度。而且一旦导航开始，系统将定时收集 Wi-Fi 信号，并通过将位移（根据步行距离与 Wi-Fi 相似度的函数计算得到）除以步数来估计步长。当计算出的步长收敛时，Wi-Fi 感知过程将会停止以降低能耗。然后，服务器根据估计的步长和步数来计算位移，并提供关于转向或楼层变化的提示。当检测到用户偏离轨迹时，服务器会立即发出警告信息，提示用户返回指定路径。

2.3.2　局部地图生成

活动用户沿着室内步行空间分布的位置指纹，实际上形成了一个具有任意形状网络的虚拟图。但在复杂室内环境中，欧氏空间与步行空间结构并不匹配，例如，用户可能行走在被障碍物（例如房间、墙壁）分隔的不同走廊上，两个地理位置相近的用户可能无法直接到达目的地。与此同时，两个在不同走廊上行走的用户的 Wi-Fi 相似度很可能为-1，而与他们到底相距多远无关。所以，基于多维标度法的定位方法将会受到虚拟图的不规则形状的影响[19]。通过实验观察到，在同一条直线走廊或一间形状规则的房间里，欧氏空间与步行空间具有很强的相关性，而位置指纹之间的欧氏距离（或步行距离）几乎与它们的 Wi-Fi 相似度成正比。因此，本章提出了一种两阶段的聚类过程，将地图划分为具有逻辑意义的子图（如一段走廊）进行局部坐标计算，并将它们拼接成一个全局地图。

为此，我们首先根据相应的罗盘读数将位置指纹划分成若干簇。在同一条走廊上，用户可能会朝相反的方向行走（即罗盘读数的差值约为 180°），我们从大于 180°的罗盘读数中减去 180°。因此，修正后的罗盘读数在[0，180]区间内取值。最初，每个位置指纹都是一个簇。如果两个簇的最大罗盘读数差值小于一个给定的阈值（例如 30°[10]），则将这两个簇进行合并。重复这样的合并过程，直到簇成员不再发生变化。

显然，在每个簇中，每一个位置指纹对应的罗盘读数都差别不大，波动幅度不会超过给定的阈值（即 30°）。这意味着用户在平行走廊上行走时留下的位置指纹将隶属于同一簇。为了区分平行走廊上的不同位置指纹，我们利用位置指纹之间的 Wi-Fi 相似度，将一个簇划分为若干子簇，其中每个子簇对应一个逻辑单元（例如走廊）。具体来说，对于一个簇内的任何两个位置指纹，如果它们的 Wi-Fi 相似度大于给定的阈值 δ_τ，那么这两个位置指纹就会落在同一个子簇中，否则它们将隶属于不同的子簇。在我们的实验中，我们将阈值 δ_τ 设置为 0.2，因为实验结果表明，Wi-Fi 相似度大于 0.2 的位置指纹通常在同一条走廊上。最终，一个簇被划分为多个子簇，每个子簇对应于一条走廊；在每个子簇中，对于任何位置指纹（如由用户 i 上传），至少有一个位置指纹（如由用户 j 上传），使得它们的 Wi-Fi 相似度大于 δ_τ。

请注意，即使是同一条走廊上的用户，用户收集的罗盘读数也可能显著不同，因为罗盘会受到磁场干扰而变得不是非常可靠。因此，经过两阶段聚类，可能会有一些位置指纹成为孤立点。为了清理这些孤立点，我们简单地应用最大 Wi-Fi 相似度原则，即如果孤立点与某一个子簇中位置指纹的 Wi-Fi 相似度与其他子簇相比最大，我们就让它隶属于这个子簇。

到目前为止，我们只考虑了用户是沿着狭窄的走廊行走这一特殊情况。我们还注意到，在许多现实情况下，一些用户状态可能是静止的（例如，坐着、吸烟，或在商店里驻足挑选产品等）或漫步/漫游，特别是对于开放空间的用户，这时候的罗盘读数可能是任意大小的，这给位置指纹聚类和局部地图生成带来了巨大的挑战。为了应对这一挑战，可以利用基于机器学习的方法[23]来识别移动模式（例如，静止、散步或行走）。这里我们介绍一种简单有效的方法。该方法应用加速度传感器的读数来计算步数[12]，从而根据用户在 5 s 内的步数估计出用户移动模式。实验表明，在 5 s 内，正常行走步数会大于 7，而在静止或散步状态下的步数会小于 5。因此，只有满足步数大于 7 的行走用户上传的指纹才会用在两阶段聚类过程中，而其他指纹则在最后阶段利用最大 Wi-Fi 相似度原则来确定其归属。

对任何一个子簇，不妨说它是具有 n_j 位置指纹的 $C^{\mathrm{sub}}(j)$，我们计算其中两两位置指纹之间的距离 d^τ，然后应用 CMDS 技术[19]构建局部相对地图 $M^{\mathrm{sub}}(j)$。

2.3.3　局部地图合并及拼接

接下来我们基于成对子簇（或局部地图）之间的邻接关系，把这些局部地图合并成一个全局地图。具体来说，对于两个局部地图 $M^{\mathrm{sub}}(i)$ 和 $M^{\mathrm{sub}}(j)$，将它们之间的 Wi-Fi 相似度定义如下：

$$\tau_{\mathrm{sub}}(i,j) = \max_{i_1 \in M^{\mathrm{sub}}(i), j_1 \in M^{\mathrm{sub}}(j)} \tau_{i_1 j_1} \tag{2.3.1}$$

如果两个走廊不相邻，那它们的 Wi-Fi 相似度很可能小于 0，我们在图 2.2.1 中的实验验证了这一点。因此，对于满足 $\tau^{\mathrm{sub}}(i,j) > 0$ 的两个局部地图 $M^{\mathrm{sub}}(i)$ 和 $M^{\mathrm{sub}}(j)$，若它们被识别为邻居，则将这两个地图中 Wi-Fi 相似度等于 $\tau^{\mathrm{sub}}(i,j)$ 的两个位置指纹均称为转折点。

在用上述方法识别出转折点后，接下来将拼接成对的相邻子簇。在没有锚节点和室内平面图的情形下，这并不是一件十分容易的事情。尽管有人已经提出了一些基于众包的室内地图构建方法[3-4]，但这些方法往往需要参与者的人为干预，同时，更新室内平面图需要花费高昂的成本。在这种情况下，拼接过程就有可能产生错误的翻转，图 2.3.1 指出了一些具体问题。根据罗盘读数和邻接关系，地图 i 和地图 j 的相对位置并不是唯一确定的，每个地图都有一个翻转的地图。对于一个转折点（图 2.3.1 中的点 5），根据陀螺仪数据如果我们在几秒钟内向左转，那么我们可以由此推断地图 j 在地图 i 的左侧。如果没有检测到转向动作，那么我们将利用在时刻 $t_0=0$ 和 $t_1=k$（即 k 秒后）的罗盘读数和 Wi-Fi 信息。作为 L 形翻转的例子，地图 i 中的点 5 和地图 j 中的点 6 的转折点，我们选择地图 i 中的一个点（例如点 3）和另一个点（例如点 7），使得点 3（或点 7）距离点 5（或点 6）几米（或者基于 Wi-Fi 相似度的线性距离函数，可以算出此时它们之间的 Wi-Fi 相似度小于 0.8）。如图 2.3.1（b）所示，如果 $\tau_{35} < \tau_{3'5}$，表明用户 3 正离开用户 7 之前的位置，则我们可以推出用户 3 的罗盘读数为 $A'(3) = A(3)$，如果 $\tau_{76} < \tau_{7'6}$，则 $A'(7) = A(7)$。相反，如图 2.3.1（c）所示，如果 $\tau_{35} > \tau_{3'5}$，则 $A'(3) = 360 - A(3)$；如果 $\tau_{76} > \tau_{7'6}$，则 $A'(7) = 360 - A(7)$。如果我们将地图 i 和地图 j 的交点视为罗盘的中心，根据修正后的罗盘读数 $A'(3)$ 和 $A'(7)$，我们可以很容易地推导出地图 i 和地图 j 的相对位置。例如，如

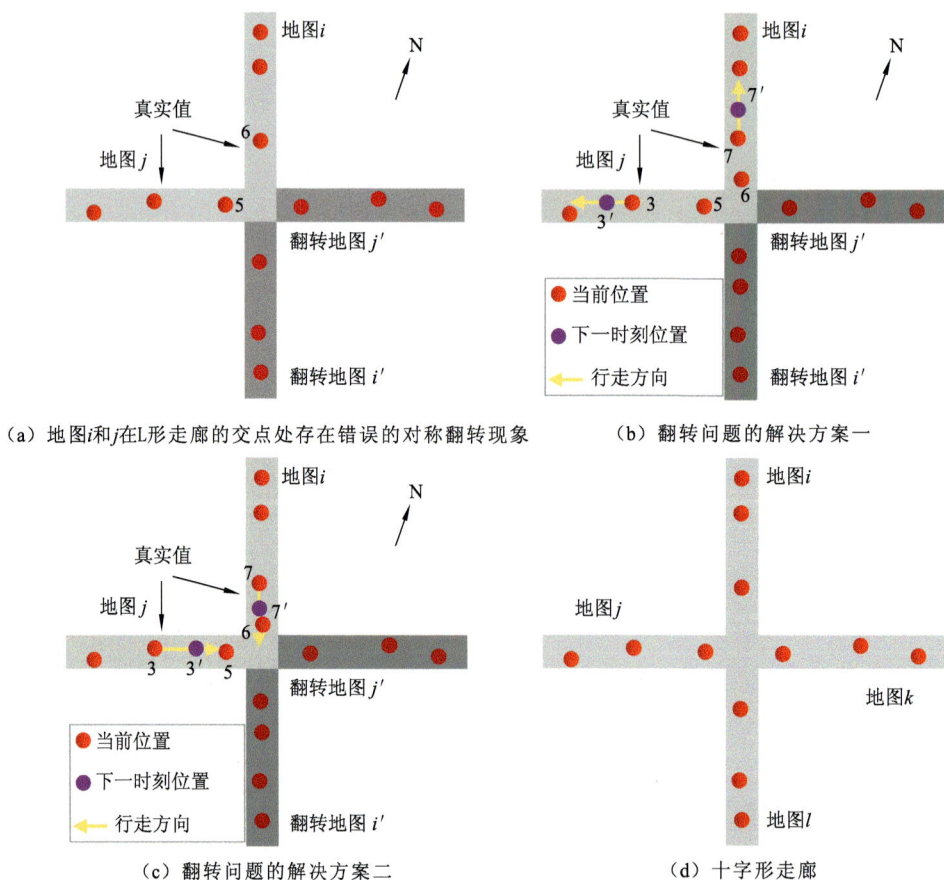

（a）地图 i 和 j 在 L 形走廊的交点处存在错误的对称翻转现象　　（b）翻转问题的解决方案一

（c）翻转问题的解决方案二　　（d）十字形走廊

图 2.3.1　翻转的问题

果 $A'(7)=0$，$A'(3)=90$，则可以确定地图 j 位于地图 i 的左侧。类似地，我们还可以确定由 T 形交点或十字路口分隔的局部图的相对位置，如图 2.3.1（d）所示。

2.3.4　边长和方向的计算

由上文可知，生成的全局地图由一系列点产生的点云组成。将这些点连接起来就形成了一个虚拟图，可以提供在逐个路口进行指示的导航服务。为此，我们应该确定两个点是否形成一条边，以便用户可以直接从一个端点转到另一个端点。

由于知道每个点所在的子类（簇），对于每个非转折点 v_i，我们将与 v_i 处于同一子簇中的点 v_j 作为 v_i 的邻居，使得它们之间的 Wi-Fi 相似度 τ_{ij} 与子簇中的其他点相比是最大的。对于转折点 v_i，它在相邻子簇中的成对转折点也是 v_i 的邻居点。当子簇中的位置指纹不密集分布时，即使在同一子簇中也可能会导致图形不连通。在这种情况下，我们将这些孤立的分量连接成一张图，使得子簇中的任何点都有一条到同一子簇中的任何其他点的路径。同时，两个直接连接的点形成了一条边。

在确定了成对位置指纹之间的边后，我们要计算它们之间的步行距离。从图 2.2.1（h）中我们观察到，只有当两个位置指纹很靠近时（例如，在同一条短走廊上），Wi-Fi 相似度和步行距离之间才存在很强的线性关系。因此，我们可以基于指纹间 Wi-Fi 相似度 τ_{ij} 建立步行距离 $d_{ij}=f(\tau_{ij})$ 的线性模型，然后根据两个用户收集到的 Wi-Fi 指纹来估计边长。但要注意的是，线性模型随收集数据所处的室内环境而变化。如图 2.3.2 所示，利用图 2.3.2（a）中在办公楼内收集的数据作为训练数据，可以得到模型 $d_{ij}=-12.606\tau_{ij}+12.856$，而利用图 2.3.2（b）购物中心的数据训练得到的线性模型是 $d_{ij}=-13.218\tau_{ij}+13.422$。如

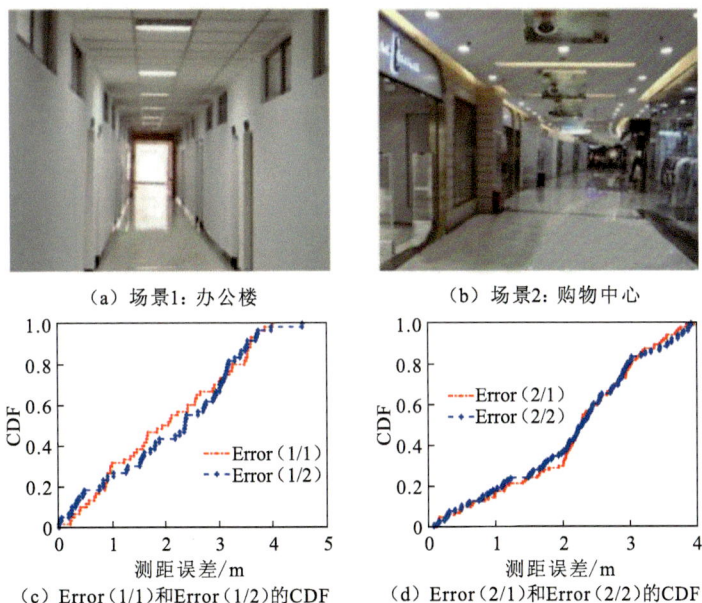

（a）场景1：办公楼　　　　　　　　（b）场景2：购物中心

（c）Error（1/1）和Error（1/2）的CDF　　　（d）Error（2/1）和Error（2/2）的CDF

图 2.3.2　不同模型在不同场景下的测距误差

图 2.3.2（c）和图 2.3.2（d）所示，从测距误差（即估计的边长和成对位置指纹之间的真实距离的差异）的累积分布函数（cumulative distribution function，CDF）可知，在不同模型的不同环境下，环境对测距误差的影响很小，在两种测试场景中应用两种模型，约 80% 分位数的测距误差在 3 m 左右。这里的 Error（1/1）和 Error（1/2）分别表示训练数据为场景 1 和场景 2 时测试数据为场景 1 时的测距误差，Error（2/1）和 Error（2/2）分别表示训练数据为场景 1 和场景 2 时测试数据为场景 2 时的测距误差。

另外，边的方向可以根据罗盘的读数来推断。由于同一走廊上的位置指纹的罗盘读数也不同，为了避免同一直线走廊上的位置指纹间因边的方向不同而产生较大波动的曲线图，我们将同一子簇上的边的方向统一定义为这些罗盘读数的中位数。连接两个转折点的转角定义为相邻两个子簇中边的方向的差值。

2.3.5　楼层改变探测

前面章节我们已经建立了一个二维空间的全局相对地图。但是，用户可能会在不同的楼层行走。要提供跨层导航服务，只需要确定从起点（例如导航用户艾丽丝的位置指纹）到目的地（例如目标鲍勃的位置指纹）的楼层变化信息，至于具体楼层并不需要知道（也很难准确获得）。实际上，加速度计和气压计读数都可用于该任务，但在检测垂直活动时，气压计读数通常更准确[24]。

具体来说，根据用户在步行几秒钟（如 5 s）内所感知并上传的气压计读数序列 $\{p_1, p_2, \cdots, p_n\}$，综合运用朴素方法（即通过对气压差 $\Delta p = p_n - p_1$ 的阈值化）和气压计数据的 Mann-Kendall method（曼-肯德尔算法）[25]来检验楼层变化。通过实验发现，朴素的气压差方法（即计算气压读数之差）并不总能成功地区分出用户是在走楼梯还是停留在同一层。另外发现，当用户通过楼梯、电梯或自动扶梯下楼或上楼时，气压计读数单调增加或减少（即有单调趋势），而当用户在同一楼层行走时，气压计读数随机变化（即没有任何趋势）。所以，为了从统计上推断楼层变化信息，我们提出了以下假设：

H0：气压计读数没有趋势←→H1：气压计读数遵循单调变化的趋势。

为方便阅读，此处省略了对气压计数据的 Mann-Kendall method 检验的细节。

通过综合运用朴素方法和 Mann-Kendall method 检验方法，我们可以确定用户是行走在同一层，还是通过楼梯、电梯或自动扶梯升降。具体来说，如果经过 Mann-Kendall method 趋势检验证明不存在趋势，同时满足 $|\Delta p| < |\delta_p|$，我们推断用户所处的楼层保持不变；否则，我们根据 Δp 的符号来判断用户是在上楼还是下楼。在实验中，基于经验设置了走楼梯、乘自动扶梯和电梯的阈值 δ_p 分别为 0.04、0.1 和 0.2。我们将更改楼层的用户称为跨楼层用户，对应的两个位置指纹都称为跨楼层位置指纹或跨楼层点。通过这些跨楼层位置指纹，我们可以确定一个位置指纹是否比其他位置指纹具有更高或更低的楼层。具体来说，对于两个相邻的位置指纹 v_i 和 v_j（即通过一条边连接），如果它们和它们的邻居都不是跨楼层点，那么我们推断 v_i 和 v_j 在同一层。如果 v_i 和 v_j 不是跨楼层点，但

它们至少有一个相邻的跨楼层点 v_k，其气压计数据呈现减少（或增加）趋势，即 τ_{ik} 增加而 τ_{jk} 减少，则 v_i 比 v_j 的楼层更高（或更低）。不同楼层对应的地图通过跨楼层点连接起来，这样我们就可以生成一个多楼层实时地图，其中包含了节点间的楼层差异，这有助于为用户提供跨楼层的导航服务。我们将转折点和跨楼层点的邻居点称为关键点，它们都可用于提供逐向或逐层的导航提示。

2.3.6　基于实时地图的室内导航

在生成实时地图后，每个参与地图构建的用户都知道其在地图中的当前位置。给定地图上的一个目的地点（例如对应于艾丽丝的朋友鲍勃），Fly-Navi 系统计算从用户到目的地的最短路径，它包括加权边和有向边、一组转折点以及相邻转折点之间的步行距离。基于导航路径，Fly-Navi 在用户的智能手机上显示转向指令直至到达目的地，并应用航位推算方法进行用户跟踪。

利用航位推算法计算用户的位移，传统的方法是将步长与步数相乘，而步长需要用户手动输入信息（例如身高和体重），或对加速度计读数应用双重积分，但这会受到累积误差影响。另一种方法是，让用户定期上传 Wi-Fi 信息，然后计算两个连续时刻之间的 Wi-Fi 相似度，以此来估计位移。然而，这是一个高能耗方法，因为需要定期感知 Wi-Fi 信息[10, 26]。与之不同的是，在本书提出的系统中，提出了一种低能耗方法，同时也可避免来自用户的任何输入。具体来说，当用户请求导航服务时，设备将立即上传 Wi-Fi 信息，然后在用户走了几步（例如 10 步）后，设备将再次上传 Wi-Fi 信息。根据这两个 Wi-Fi 指纹的 Wi-Fi 相似度以及步行距离与 Wi-Fi 相似度之间的线性模型，计算出每 10 步的行走位移。通过计算位移相对于步数的平均值，可以估计用户的步长。由于 Wi-Fi 信号可能会有波动，所以估计的位移可能不是很准确。因此，有必要重复这样的过程，直到步长收敛，即两个连续步长的差值小于一个给定的阈值（例如 0.1 m）。

利用估计出的步长，Fly-Navi 通过简单地计算行走位移来跟踪导航进度，并根据到导航路径下一个转折点的计算距离，在用户到达转折点前提供向左转或右转的提示。通过行走位移和导航提示，Fly-Navi 可以检测用户是否偏离了导航路径。具体来说，如果用户到达路径上的一个转折点，在行走了一段（等于转弯边长的）距离后，Fly-Navi 将使用陀螺仪读数来确定用户是否有正确的转向动作。在发现用户偏离导航路径时，系统提醒用户返回导航路径，直到用户到达目的地。

2.4　性　能　评　估

本节将介绍 Fly-Navi 系统的性能评估。运行导航系统使用的云服务器，其基本配置为 1 核 2 GB，2 Mb/s，存储大小为 50G。选择在一座三层校园大楼中进行了广泛的实验，如图 2.4.1（a）所示，每层测试面积约为 2 400 m²，在第 2 层和第 3 层间有一个封闭的走廊[如图 2.2.1（a）中用户 22 和用户 29 之间的四个走廊所示]。为了生成地图，让 18 名参与者各手持一台安卓智能手机。在每一层，一部分参与者沿着给定走廊的初始位置行走，他们首先上传 5 s 内感知的数据（包括 Wi-Fi 信号、气压计读数、陀螺仪和罗盘读数），然后去邻近的走廊完成感知和上传任务。这样做，可以离线生成每层楼的地图，就像有足够的用户进行众包一样。在这个复杂的三层校园大楼的主要走廊上，本实验没有邀请足够的携带安卓智能手机的参与者来生成地图。然而，这次实验也可以表明，系统不需要用户同时上传感知数据，也就是说，数据是可以异步收集的。我们大约需要 10 min 来收集数据以生成地图。为合并三个楼层的地图，我们让 10 名志愿者通过楼梯或电梯上下移动，记录 5 s 内的 Wi-Fi 信号和气压计读数，生成了一个有 788 个点的全局地图。为测试实验场景的多样性，还评估了系统在武汉凯德广场这样的大型购物中心的实验性能，如图 2.4.1（b）所示。在这里，我们只让一个人收集了第 1 层、第 2 层和第 3 层的数据，这大约需要 2 h。通过收集到的数据，Fly-Navi 确定楼层改变信息，并根据识别的交叉点将参与者生成的局部地图进行拼接，形成一个有 900 个点的全局地图。为了评估基于地图的导航性能，对于这两种场景，在地图中随机选择 100 对起点和终点，其中测试点与生成地图的那些点保持相同以便于性能评估，并计算出带有逐向提示的导航路径。根据估计的步长计算位移，根据陀螺仪和气压计读数检测路径偏离，达到定期跟踪导航进度的目的。

（a）三层校园大楼　　　　　　　　（b）武汉凯德广场

图 2.4.1　实验场景

2.4.1　实时地图生成

实时地图对于即插用的室内导航至关重要。因此，我们首先评估了地图生成模块的性能，包括用户密度和分布的影响、Wi-Fi 相似度的鲁棒性、转折点识别精度。

室内步行用户密度和分布极大地影响了生成地图的准确性，在步行空间上广泛分布的用户数量有助于生成更准确的地图。由于本书导航旨在提供转向提示，只要用户生成的地图能覆盖从起点到终点的走廊，从而能够提供一个完整的导航路径，系统照样可以工作。在图 2.2.1 中随机选择了一些位置指纹，图 2.4.2 表示的是依据校园建筑物中四种不同的用户密度所得到的地图。由图可知，只要每个走廊上至少有两个用户行走，生成的地图就会正确地反映其所在的步行空间的形状。另外可知，如果在一个确定的转折点附近没有用户，生成的地图将会存在一个不准确的转折点，例如，图 2.4.2（d）中的用户 6，距离走廊角数米，但总体上形状与其他三幅地图，即图 2.4.2（a）、图 2.4.2（b）和图 2.4.2（c），没有根本区别。也就是说，即使基于图 2.4.2（d）中的地图所提供的导航指示可能不是非常准确，导航也可以提供准确的转向指令。

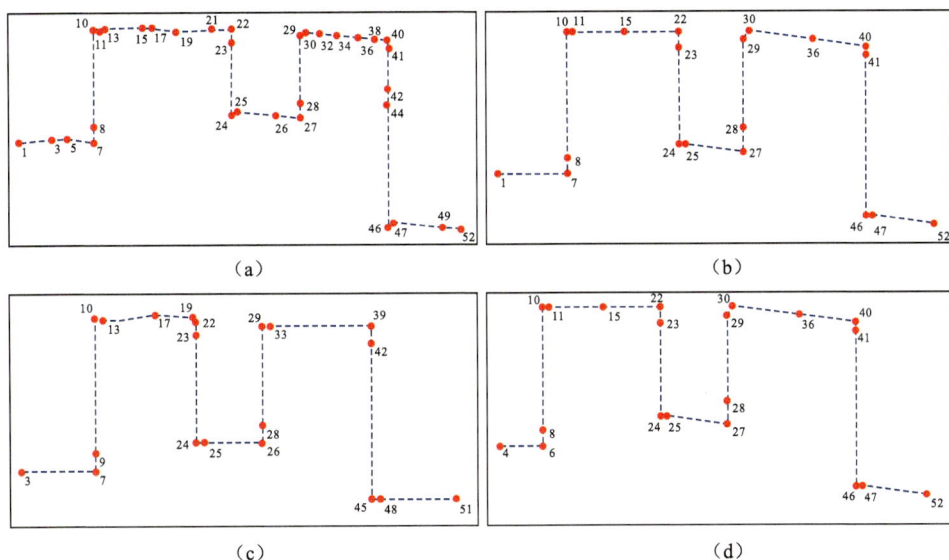

图 2.4.2　用户密度对地图生成的影响

为了显示 Wi-Fi 相似度的鲁棒性，在图 2.2.1（e）中的地图生成一个月后，我们让参与者分别将感知到的 Wi-Fi 信号上传到服务器。然后，我们计算当前每个 Wi-Fi 指纹与之前所有 52 个 Wi-Fi 指纹之间的 Wi-Fi 相似度，并根据最大 Wi-Fi 相似度原则来推断当前位置。也即，如果当前的某个指纹与之前指纹库中（即 52 个指纹）某个指纹 i 之间的 Wi-Fi 相似度最大，则认为当前用户位置为指纹库中第 i 个指纹所对应的位置。在凯德广场我们进行了同样的实验来验证我们方法的鲁棒性。结果如图 2.4.3（a）所示，我们可以看到，校园建筑物的 80% 和凯德广场的 70% 的位置误差（即真实位置和估计位置之间的距离）都小于 5 m，这个数据通常满足在室内提供转向导航的要求。这也表明，当一个新用户需要导航服务时，系统可以基于最大 Wi-Fi 相似度原则，很容易地将用户关联到已生成的地图中的某个点（或位置指纹）上，使得这个位置指纹和新的 Wi-Fi 信号之间的 Wi-Fi 相似度最大，因而不需要重建地图。

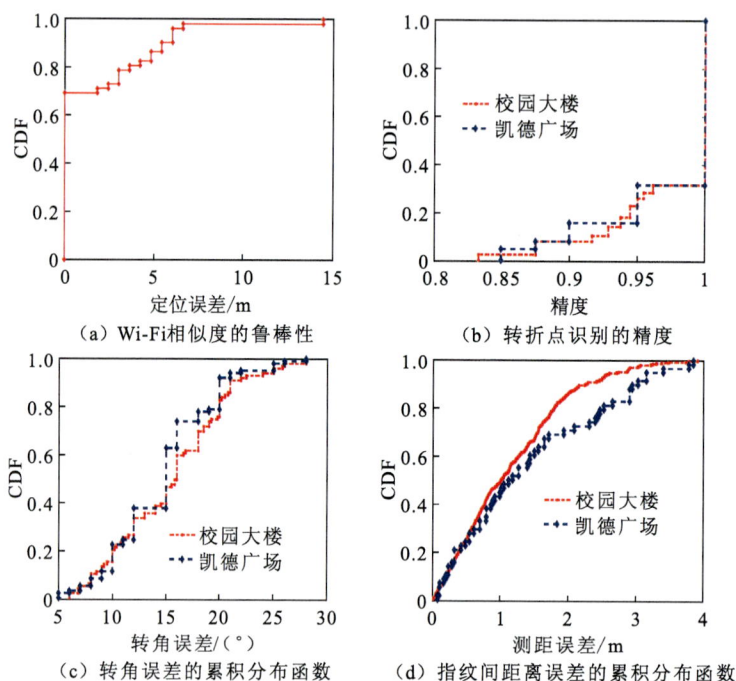

图 2.4.3 关于地图生成的一些结果

图 2.4.3（b）描述了相邻走廊之间的转折点识别的精度。转折点识别的精度被定义为准确识别的转折点数与导航路径上所有转折点数的比率。在校园大楼和凯德广场选定的 100 条导航路径上的真实转折点分别为 348 个和 462 个。由于 Wi-Fi 信号具有波动性，两相邻走廊上的两个转折点，即使离拐角或十字路口最近，也可能不会被识别为转折点，因为它们的 Wi-Fi 相似度在其他成对点中可能不是最大的。然而，本书所述系统仍然可以高精度地识别转折点，其中大约 80% 的导航路径的准确率超过 95%。同时，对于错误识别的转折点，其实它离真实转折点并不远。

图 2.4.3（c）表示了转角误差的 CDF。由于我们只计算转折点处罗盘读数的差值，所以转角不存在误差积累。实验表明，误差的 80% 分位数为 20°，误差中位数约为 15°，这通常可以保证转向提示的准确性。

本章应用 Wi-Fi 相似度的回归模型来估计位置指纹之间的距离。为了进行性能评估，让两个测试者站在相距 4～9.6 m 的位置，并上传收集到的 Wi-Fi 信号。由于地面瓷砖的宽度和长度固定，让测试者站在瓷砖的边缘，并根据瓷砖的数量计算真实的距离。然后，通过计算成对位置指纹的真实距离和估计距离之间的差值来计算测距误差。两种场景下都重复了这个实验 100 次，从图 2.4.3（d）中可以看到，利用该方法可以达到较高的精度，误差的 80% 分位数为 3 m，最大误差约为 4 m。凯德广场实验结果相对较差，因为其环境更复杂，Wi-Fi 信号更不稳定。经测试还发现较大的范围误差主要出现在两位置指纹分隔较远的时候，而对于近距离指纹，其估计距离非常接近真实距离。这就解释了为什么 Fly-Navi 在地图生成过程中，尽量将近距离的位置指纹连接成一条边。

2.4.2　室内导航和动态地图

本节将展示室内导航系统在位移误差、偏离检测延迟和在检查点前提供导航指示的时间提前量方面的表现。

导航系统的一个重要功能是跟踪导航用户，当用户偏离导航路径时，系统应发出提示警报。Fly-Navi 系统首先利用 Wi-Fi 相似度来估计步长。图 2.4.4（a）显示了经过几步后两个用户的步长曲线，其中真实步长分别为每步 50 cm（50 cm/s）和每步 60 cm（60 cm/s）。步行 15 步后的估计步长分别为 53 cm/s 和 64 cm/s。根据估计的步长，在用户经过两个连续检查点后运用航位推算法进行导航跟踪，跟踪精度（即位移误差）如图 2.4.4（b）所示。其中误差定义为基于航位推算法计算出的位移（即步长与步数的积）和实际的距离（经过的瓷砖数量与边长的积）的差值。为了使结果具有可比性，两个检查点之间的距离保持相同，即 30 m。正如预期的那样，该方法产生了一个很好的结果，最大跟踪误差为 1.5 m，即最大相对误差为 5%。

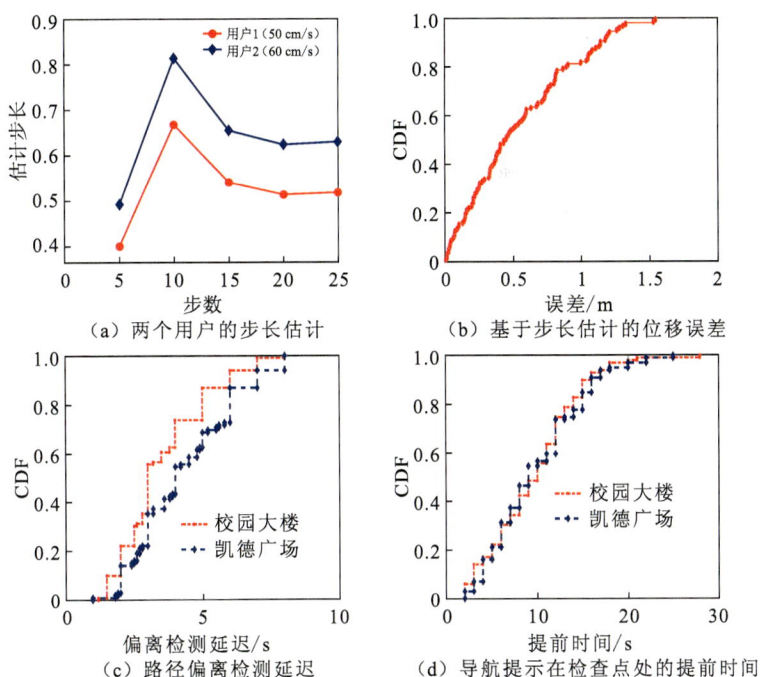

图 2.4.4　导航性能对比

图 2.4.4（c）展示了两种场景在导航过程中偏离检测延迟的累积分布函数。为了计算延迟，允许用户点击智能手机来记录其到达检查点的时间戳，同时当 Fly-Navi 提示偏离检测警报时，系统也会记录时间戳。计算这两个时间戳的差值就得到偏离检测延迟。系统根据生成的地图和导航路径，提示用户左/右转弯或上/下转弯。一旦出现偏离（例如，气压计读数表明用户正在下楼或直行，而用户实际上应该上楼或左转），Fly-Navi

将提醒用户返回导航路径。利用陀螺仪和气压计读数，可以实时检测到用户是否偏离导航路径，两种情况的延迟中位数约为 3 s。

最后，从发出左/右转向提示的及时性来考虑导航性能。图 2.4.4（d）绘制了某些检查点（即转折点）处导航提示的提前时间。这里的提前时间定义为提供转向提示和用户实际向左/右转之间的延迟。由于在一条导航路径上可能有多个检查点，这里主要关心的是第一个检查点的提前时间。这是因为一旦导航用户经过第一个检查点，就可以根据行走位移和每个检查点后相邻转折点之间的距离轻松跟踪用户。在这个意义上，检查点可以被称为重置点，因为它可以帮助减少航位推算错误。我们从图中发现，提前时间的 80% 分位数是 15 s，而中位数约为 8 s。当然，提前时间与从起始位置到检查点的步行距离密切相关，距离越近，提前时间就越短。这解释了为什么在用户转向前不到 5 s 系统才提供转向提示。但总地来说，Fly-Navi 可以及时地提供转向提示。

2.5　讨　论

2.5.1　用户密度/分布的影响

为了使 Fly-Navi 能正常发挥作用，用于群智感知的活动用户应同时在室内空间广泛分布，以确保全局地图的连通性，否则将会导致导航失败。尽管更多的用户有助于生成更准确的地图，但这并不意味着 Fly-Navi 只能在用户密集的场景中工作。根据 2.4 节的实验验证，如果在到达目的地的每个走廊上满足至少有两个用户，Fly-Navi 系统仍然可以工作。如果用户分布是不均衡的，即有些走廊上有很多用户，而其他一些走廊上没有用户，生成的地图可能会断开，这或许会导致两个相邻的走廊无法连接起来。为了解决这个问题，Fly-Navi 可以通过让用户持续行走一段时间（例如 5 min），并定期将感知数据上传到服务器上，从而延迟地图的生成。通过这种方式，可以从一个用户中收集多个（而不是通常的一个或两个）数据包，其中每个数据包对应一个位置指纹（即地图中的一个点），直到生成的地图可以保证用户和目的地之间的路径是连通的。同样，当没有跨楼层用户乘坐电梯、自动扶梯或走楼梯时，或存在传感器"沙漠"（即没有稳定的 Wi-Fi AP 覆盖的区域），例如在室内空间的偏远角落，生成的地图可能会断开，则可以再次引入上述时延机制。这种容许延迟的即插即用室内导航和延迟最优问题[27-28]留待未来予以改进。

2.5.2　地图与现实世界的锚定问题

为了解决在任意起始位置的用户到任意终点的导航问题，需要将生成的地图锚定到现实世界中，使位置指纹对应于特定的房间、门店等，并分配一个语义标签，这样系统可以将用户导航到任何地方。在某些情况下，实际上可以自动生成点的语义标签。例如，可以借用 Walkie-Markie 算法[10]中的思想来进行 Wi-Fi 标记识别。即，当用户接近 Wi-Fi AP 时，检测到的 RSS 将变得更强；当用户离开这个 Wi-Fi AP 时，检测到的 RSS 会变弱。此时，至少存在一个 RSS 趋势临界点（Wi-Fi 信号峰值点），即 Wi-Fi AP 的 Wi-Fi 标记。由于许多店主可能会将 Wi-Fi AP 的名称设置为店铺名称，所以我们可以将 Wi-Fi 标记对应的点的标签设置为店铺名称。对于紧急导航设置，还可以利用室内外检测技术来确定离安全出口最近的点，以便在相对地图上计算出任何用户到安全出口的导航路径。此外，还可以让店主上传感知到的 Wi-Fi 信号，并通过为店主提供一个界面来手动设置节点的语义标签。这样，地图中的大多数点都可以被分配一个有意义的标签。

2.5.3　时间复杂度

在本章中，我们的主要关注点是在服务器接收到足够的位置指纹后立即生成一个全局地图。因此，控制创建地图的时间就至关重要了。幸运的是，我们有以下定理。

定理 1： 假设有 K 个走廊，即 $C_1, C_2, \cdots, C_K$。对于每个走廊的 C_i，都有一个位置指纹。让 $n_J = \max\{n_1, n_2, \cdots, n_k\}$ 和 $N = \sum_{i=1}^{k} n_i$。那么 Fly-Navi 生成地图的时间复杂度在 $O(N)$ 和 $O(N^2)$ 之间。

证明： Fly-Navi 生成地图需要四个步骤，即局部地图生成、局部地图拼接、边长和方向计算以及楼层变化检测。

（1）局部地图的生成包括两个主要部分：两阶段聚类和基于 MDS 的局部地图生成。两阶段聚类中，聚类操作使用罗盘读数需要的时间很短，主要部分是计算 Wi-Fi 相似度，时间复杂度最高为 $O(N^2)$。因为成对的位置指纹距离很远，没有共同的 Wi-Fi AP，所以不需要计算 Wi-Fi 相似度。对于每个子簇，使用改进的基于 MDS[19]的局部地图生成具有 $O(n_J^2)$ 的时间复杂度，所以所有子簇的总时间复杂度均为 $O(Kn_J^2)$，远小于 $O(N^2)$。

（2）对于局部地图拼接，转折点识别仅在两个相邻走廊（即子簇）的交会处进行，因此时间复杂度为 $O(1)$。两个相邻子簇的合并涉及 $O(N)$ 的时间复杂度。

（3）对于边长和方向的计算，主要部分是边的识别和长度估计，其时间复杂度为 $O(N)$，因为它只涉及两个附近的节点（例如同一子簇中）。

（4）对每个用户进行楼层变化检测，其时间复杂度为 $O(N)$。

综上所述，Fly-Navi 最耗时的部分是 Wi-Fi 相似度计算，整体时间复杂度在 $O(N)$ 和 $O(N^2)$ 之间。

图 2.5.1 描述了在云服务器中位置指纹数量与地图创建时间之间的关系，这验证了 Fly-Navi 系统具有线性的时间复杂度。显然，对于配置水平较高的云服务器，还可以进一步缩短地图创建时间。

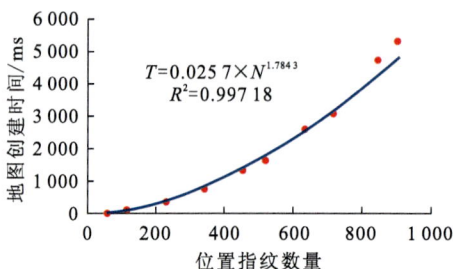

图 2.5.1　位置指纹数量与地图创建时间的关系图

2.6　文　献　梳　理

随着各行业对基于位置的服务需求的不断增长，以及对内置传感器丰富的智能设备的广泛应用，室内导航已经引起了学术界和工业界的广泛关注。大致可以将室内导航分为三类：基于地标的室内导航、基于室内平面图的室内导航和基于先行者–追随者的室内导航。

2.6.1　基于地标的室内导航

通常，在一个巨大的室内空间（例如，会议展览中心等），人们可以在十字路口找到方向指示牌，为下一次前往目的地提供指示。在方向指示牌的引导下，人们会在确定路径方向后直接前行，直到他们找到下一个方向指示牌，再改变方向。这种方法也被称为逐向导航。这种方法很简单，用户不需要使用设备即可到达目的地。然而，它需要用户阅读方向指示牌，最重要的是，这种方法用于没有部署方向指示牌的许多室内环境是不切实际的。如今，在许多室内空间（如机场、购物中心），有许多用于室内导航的信标或地标。这些信标/地标可用于定位用户，并引导用户到达目的地，其中室内平面图也可用于定位导航用户。

2.6.2　基于室内平面图的室内导航

目前，大多数室内导航系统都依赖于室内地图和定位系统。关于室内定位的研究已非常多，包括基于 Wi-Fi 指纹识别的方法[5, 29-37]、内置的基于惯性测量单元的方法[38-40]、基于可见光的方法[41-48]等。这些室内定位系统依赖于室内平面图，来计算、获取用户位置信息，并提供从当前位置到目的地的全局参照框架。考虑到室内平面图的获取成本高昂，许多研究人员[2, 4]建议以众包的方式构建室内平面图，例如，通过使用相机和内置的惯性传感器。显然，这些系统需要用户的广泛参与。此外，生成的室内平面图通常是粗粒度的，难以实时更新，导致目前的定位系统仍然不能令人满意，也使得这种系统很难在室内广泛部署。

2.6.3　基于先行者–追随者的室内导航

基于先行者–追随者的室内导航[11-13]是一种不依赖室内平面图的新模式。该方法首先由一些参与者构建参考路径，当用户请求导航服务时，系统下载具有相同起始位置和目的地的参考路径，并通过实时同步来跟踪导航进度。Zheng 等[11]提出了一种视觉引导导航系统 Travi-Navi，该系统通过收集路径图像、Wi-Fi 指纹和惯性测量单元（inertial measurement unit，IMU）来生成参考路径。然后，把当前的传感器数据与参考路径进行比较来导航用户。在端对端的导航系统 FOLLOWME[12]中，参考路径仅根据先行者对特定旅行的感知数据的记录和用户的行走模式生成，而不需要拍摄图像或 Wi-Fi AP 信息。较新的一种导航系统 ppNav[13]提出利用指纹印记图作为连续 Wi-Fi 指纹测量的图表形式来生成参考路径，并提出了一种基于旋转的寻向方法，将用户锁定在最近的起始位置。然后通过指纹匹配和视觉特征的实时同步来跟踪导航进度。然而，该模式的主要缺点是它们需要预先部署且要有完整的参考路径，而不是像本章那样的一组离散点，因此不适用于即插即用的室内导航。

2.7　结　　论

本章通过群智感知方法提出了一种新型的室内导航系统。其核心思想是将活动用户视为对应室内空间的抽样，基于这些用户感知信息生成一个加权有向图，其中每个用户对应一个点，而附近的两个用户形成一个有实值长度且带有方向的边。基于实时地图，系统计算出导航路径并显示在用户的设备上。实验表明，该系统可以提供成功率高、实时性强的导航服务。

参 考 文 献

[1] CONSTANDACHE L, BAO X, AZIZYAN M, et al. Did you see Bob? human localization using mobile phones[C]//MobiCom'10: Proceedings of the Sixteenth Annual International Conference on Mobile Computing and Networking, September 20-24, 2010, Chicago, Illinois, USA. New York: ACM, 2010: 149-160.

[2] CHEN S, LI M Y, REN K, et al. Crowd map: accurate reconstruction of indoor floor plans from crowdsourced sensor-rich videos[C]//2015 IEEE 35th International Conference on Distributed Computing Systems, June 29-July 2, 2015, Columbus, OH, USA. New York: IEEE, 2015: 1-10.

[3] GAO R P, ZHAO M M, YE T, et al. Multi-story indoor floor plan reconstruction via mobile crowdsensing[J]. IEEE Transactions on Mobile Computing, 2016, 15(6): 1427-1442.

[4] HE Y, LIANG J Q, LIU Y H. Pervasive floorplan generation based on only inertial sensing: feasibility,

design, and implementation[J]. IEEE Journal on Selected Areas in Communications, 2017, 35(5): 1132-1140.

[5] CHINTALAPUDI K, PADMANABHA IYER A, PADMANABHAN V N. Indoor localization without the pain[C]//MobiCom'10: Proceedings of the 16th Annual International Conference on Mobile Computing and Networking, September 20-24, 2010, Chicago, Illinois, USA. New York: ACM, 2010: 173-184.

[6] CHUNG J, DONAHOE M, SCHMANDT C, et al. Indoor location sensing using geo-magnetism[C]// MobiSys'11: Proceedings of the 9th International Conference on Mobile Systems, Applications, and Services, June 28-July 1, 2011, Bethesda, Maryland, USA. New York: ACM, 2011: 141-154.

[7] CONSTANDACHE I, CHOUDHURY R R, RHEE I. Towards mobile phone localization without war-driving[C]//2010 Proceedings IEEE INFOCOM, March 14-19, 2010, San Diego, CA, USA. New York: IEEE, 2010: 1-9.

[8] XIE H, GU T, TAO X, et al. MaLoc：A practical magnetic fingerprinting approach to indoor localization using smartphones[C]//UbiComp'14: Proceedings of the 2014 ACM International Joint Conference on Pervasive and Ubiquitous Computing, September 13-17, 2014, Seattle, WA, USA. New York: ACM, 2014: 243-253.

[9] YANG Z, ZHOU Z M, LIU Y H. From RSSI to CSI: indoor localization via channel response[J]. ACM Computing Surveys, 2013, 46(2): 1-32.

[10] SHEN G, CHEN Z, ZHANG P, et al. Walkie-Markie：Indoor pathway mapping made easy[C]//NSDI'13: Proceedings of the 10th USENIX Conference on Networked Systems Design and Implementation, April 2-5, 2013, Lombard. Berkeley: USENIX Association, New York: ACM, 2013：85-98.

[11] ZHENG Y Q, SHEN G B, LI L Q, Florence Italy et al. Travi-navi: self-deployable indoor navigation system[C]//MobiCom'14: Proceedings of the 20th Annual International Conference on Mobile Computing and Networking, September 7-11, 2014, New York: IEEE, 2014: 471-482.

[12] SHU Y C, SHIN K G, HE T, et al. Last-mile navigation using smartphones[C]//MobiCom'15: Proceedings of the 21st Annual International Conference on Mobile Computing and Networking, September 7-11, Paris, France. New York: ACM, 2015: 512-524.

[13] YIN Z W, WU C S, YANG Z, et al. Peer-to-peer indoor navigation using smartphones[J]. IEEE Journal on Selected Areas in Communications, 2017, 35(5): 1141-1153.

[14] GAO R P, ZHAO M M, YE T, et al. Jigsaw: indoor floor plan reconstruction via mobile crowdsensing[C]// MobiCom'14: Proceedings of the 20th Annual International Conference on Mobile Computing and Networking, MOBICOM, September 7-11, 2014, Maui Hawaii, USA. New York: ACM, 2014: 249-260.

[15] WANG H, SEN S, ELGOHARY A, et al. No need to war-drive: unsupervised indoor localization[C]// MobiSys'12: Proceedings of the 10th International Conference on Mobile Systems, Applications, and Services, June 12-15, 2012, Low Wood Bay, Lake District, UK. New York: ACM, 2012: 197-210.

[16] ABDELNASSER H, MOHAMED R, ELGOHARY A, et al. SemanticSLAM: using environment

landmarks for unsupervised indoor localization[J]. IEEE Transactions on Mobile Computing, 2016, 15(7): 1770-1782.

[17] ZHOU C F, GU Y. Joint positioning and radio map generation based on stochastic variational Bayesian inference for FWIPS[C]//2017 International Conference on Indoor Positioning and Indoor Navigation (IPIN). Sapporo, Japan. IEEE, 2017: 1-10.

[18] ZHU J D, SEN S, MOHAPATRA P, et al. Navigating in signal space: a crowd-sourced sensing map construction for navigation[C]//2014 IEEE 11th International Conference on Mobile Ad Hoc and Sensor Systems, October 28-30, 2014, Philadelphia, PA, USA. New York: IEEE, 2014: 64-72.

[19] LIU W P, WANG D, JIANG H B, et al. An approximate convex decomposition protocol for wireless sensor network localization in arbitrary-shaped fields[J]. IEEE Transactions on Parallel and Distributed Systems, 2015, 26(12): 3264-3274.

[20] BORG I, GROENEN P. Modern multidimensional scaling: theory and applications[J]. Journal of Educational Measurement, 2003, 40(3): 277-280.

[21] KOO J, CHA H. Unsupervised locating of Wi-Fi access points using smartphones[J]. IEEE Transactions on Systems, Man, and Cybernetics, Part C (Applications and Reviews), 2012, 42(6): 1341-1353.

[22] WU C S, YANG Z, LIU Y H. Smartphones based crowdsourcing for indoor localization[J]. IEEE Transactions on Mobile Computing, 2015, 14(2): 444-457.

[23] DU H, YU Z W, YI F, et al. Recognition of group mobility level and group structure with mobile devices[J]. IEEE Transactions on Mobile Computing, 2018, 17(4): 884-897.

[24] MURALIDHARAN K, KHAN A J, MISRA A, et al. Barometric phone sensors: more hype than hope![C]//HotMobile'14: Proceedings of the 15th Workshop on Mobile Computing Systems and Applications, February 26-27, 2014, Santa Barbara California. New York: ACM, 2014: 1-6.

[25] GIBBONS J D, CHAKRABORTI S. Nonparametric statistical inference[M]. 4th ed. New York: Marcel Dekker, 2003.

[26] LI T X, AN C K, CHANDRA R, et al. Low-power pervasive Wi-Fi connectivity using WiScan[C]//UbiComp'15: Proceedings of the 2015 ACM International Joint Conference on Pervasive and Ubiquitous Computing, September 7-11, 2015, Osaka, Japan. New York: ACM, 2015: 409-420.

[27] WANG S N, SHROFF N. Towards fast-convergence, low-delay and low-complexity network optimization[J]. ACM SIGMETRICS Performance Evaluation Review, 2019, 46(1): 129-131.

[28] ZHOU X, WU F, TAN J, et al. Designing low-complexity heavy-traffic delay-optimal load balancing schemes: Theory to algorithms[C]//Proceedings of the ACM on Measurement and Analysis of Computing Systems, New York, USA: ACM, 2017, 1(2):1-30.

[29] ZHOU P F, LI M, SHEN G B. Use it free: instantly knowing your phone attitude[C]//MobiCom'14: Proceedings of the 20th Annual International Conference on Mobile Computing and Networking, September 7-11, 2014, Maui, Hawaii, USA. New York: ACM, 2014: 605-616.

[30] HAEBERLEN A, FLANNERY E, LADD A M, et al. Practical robust localization over large-scale 802.11 wireless networks[C]//MobiCom'04: Proceedings of the 10th Annual International Conference on Mobile Computing and Networking, September 26-October 1, 2004, Philadelphia, PA, USA. New York: ACM, 2004: 70-84.

[31] YOUSSEF M, AGRAWALA A. The Horus WLAN location determination system[C]//MobiSys'05 Proceedings of the 3rd International Conference on Mobile Systems, Applications, and Services, June 6-8, 2005, Seattle Washington, USA. New York: ACM, 2005: 205-218.

[32] BAHL P, PADMANABHAN V N. RADAR: an in-building RF-based user location and tracking system[C]//Proceedings IEEE INFOCOM 2000. Conference on Computer Communications. Nineteenth Annual Joint Conference of the IEEE Computer and Communications Societies (Cat. No.00CH37064). March 26-30, 2000, Tel Aviv, Israel. New York: IEEE, 2000: 775-784.

[33] WEN Y T, TIAN X H, WANG X B, et al. Fundamental limits of RSS fingerprinting based indoor localization[C]//2015 IEEE Conference on Computer Communications (INFOCOM), April 26-May 1, 2015, Hong Kong, China. New York: IEEE, 2015: 2479-2487.

[34] XU Q, GERBER A, MAO Z M, et al. AccuLoc: practical localization of performance measurements in 3G networks[C]//MobiSys'11: Proceedings of the 9th International Conference on Mobile Systems, Applications, and Services. June 28-July 1, 2011, Bethesda, Maryland, USA. New York: ACM, 2011: 183-196.

[35] YANG Z, WU C S, LIU Y H. Locating in fingerprint space: wireless indoor localization with little human intervention[C]//MobiCom'12: Proceedings of the 18th Annual International Conference on Mobile Computing and Networking. Istanbul, Turkey. New York: ACM, 2012: 269-280.

[36] CHEN Y, LYMBEROPOULOS D, LIU J, et al. FM-based indoor localization[C]//MobiSys'12: Proceedings of the 10th International Conference on Mobile Systems, Applications, and Services, June 25-29, 2012, Low Wood Bay, Lake District, UK. New York: ACM, 2012: 169-182.

[37] XIONG J, JAMIESON K. ArrayTrack: a fine-grained indoor location system[C]//NSDI'13: Proceedings of the 10th USENIX Conference on Networked Systems Design and Implementation, April 2-5, 2013, CA, USA. New York: ACM, 2013: 71-84.

[38] LI F, ZHAO C S, DING G Z, et al. A reliable and accurate indoor localization method using phone inertial sensors[C]//UbiComp'12: Proceedings of the 2012 ACM Conference on Ubiquitous Computing, September 5-8, 2012, Pittsburgh, Pennsylvania, USA. New York: ACM, 2012: 421-430.

[39] RAI A, CHINTALAPUDI K K, PADMANABHAN V N, et al. Zee: zero-effort crowdsourcing for indoor localization[C]//MobiCom'12: Proceedings of the 18th Annual International Conference on Mobile Computing and Networking, August 22-26, 2012, Istanbul, Turkey. New York: ACM, 2012: 293-304.

[40] HARLE R. A survey of indoor inertial positioning systems for pedestrians[J]. IEEE Communications Surveys & Tutorials, 2013, 15(3): 1281-1293.

[41] HU P, LI L Q, PENG C Y, et al. Pharos: enable physical analytics through visible light based indoor localization[C]//HotNets-XII: Proceedings of the 12th ACM Workshop on Hot Topics in Networks, November 21-22, 2013, University of Maryland, College Park Maryland, USA. New York: ACM, 2013: 1-7.

[42] LI L Q, HU P, PENG C Y, et al. Epsilon: a visible light based positioning system[C]//NSDI'14: Proceedings of the 11th USENIX Conference on Networked Systems Design and Implementation, April 2-4, 2014, Seattle, WA, USA. New York: ACM, 2014: 331-343.

[43] KUO Y S, PANNUTO P, HSIAO K J, et al. Luxapose: indoor positioning with mobile phones and visible light[C]//MobiCom'14: Proceedings of the 20th Annual International Conference on Mobile Computing and Networking. September 7-11, 2014, Maui, Hawaii, USA. New York: ACM, 2014: 447-458.

[44] XU Q, ZHENG R, HRANILOVIC S. IDyLL: indoor localization using inertial and light sensors on smartphones[C]//UbiComp'15: Proceedings of the 2015 ACM International Joint Conference on Pervasive and Ubiquitous Computing, September 7-11, 2015, Osaka, Japan. New York: ACM, 2015: 307-318.

[45] YANG Z C, WANG Z Y, ZHANG J S, et al. Wearables can afford: light-weight indoor positioning with visible light[C]//MobiSys'15: Proceedings of the 13th Annual International Conference on Mobile Systems, Applications, and Services, May 18-22, 2015, Florence, Italy. New York: ACM, 2015: 317-330.

[46] XIE B, TAN G, HE T. SpinLight: a high accuracy and robust light positioning system for indoor applications[C]//SenSys'15: Proceedings of the 13th ACM Conference on Embedded Networked Sensor Systems, November 1-4, 2015, Seoul, South Korea. New York: ACM, 2015: 211-223.

[47] RAVI N, IFTODE L. FiatLux: Fingerprinting rooms using light intensity[C]//2007 5th IEEE International Conference on Pervasive Computing and Communications (PerCom). New York: IEEE, 2007: 1-14.

[48] 周炳朋, 陈光森, 朱杰友. 基于双向循环卷积神经网络的可见光定位和姿态跟踪: 应对环境动态变化[J]. 中国科学: 信息科学, 2023, 53: 1404-1422.

第 3 章　基于非调制光源构建虚拟图的室内导航

无处不在的照明系统为室内导航提供了一个崭新的参照维度，因为它们通常具有良好的结构特征，且可见光具有可靠的多路径特性。然而，现有基于可见光的定位技术，通常是基于光源的频率特征，这需要对光源进行调制或修改设备，或安装额外的设备。基于获取成本高昂的室内平面图的定位技术，以及对用于捕获闪烁频率的定制硬件的限制，毫无疑问极大阻碍了在当今智慧城市中大规模部署室内导航系统的进程。在本章中，利用室内场景调制光源的峰值强度，提供一个基于虚拟图表征的室内导航新视角，并提出了一个名为 PILOT 的导航系统。在 PILOT 中，具有丰富感知数据的行人路径被有机集成为一个有意义的虚拟图，其中每个顶点对应一个光源，两相邻顶点（或光源）间形成一条具有长度和方向的边。该虚拟图可以作为一个全局的室内导航参照框架，从而避免了使用预先部署的室内平面图、定位系统或其他硬件。我们在安卓平台上实现了 PILOT 导航系统原型，并在典型室内环境中进行了大量实验，来验证其有效性和效率。

3.1　概　　述

提供室内导航服务是至关重要的，它给处于复杂室内环境中的许多相关用户（包括智慧城市中的店主和购物者）都带来巨大好处。光源在室内环境中无处不在且结构良好。因可见光具有高可靠性及不受多路径影响的良好特性，其已成为推动室内导航发展的关键因素。例如，法国里尔的家乐福超市使用了飞利浦连接照明系统为购物者提供导航服务，并告诉他们附近通道有何种特殊优惠（例如折扣/促销）。这确实帮助购物者节省了购物时间和支出，同时也提高了超市的销售额。移动行业潜在的巨大市场自然推动了人们对基于位置的服务（location-based service，LBS）[1]和 LBS 相关应用展开广泛研究，包括导航和位置感知营销[2]、社交推荐[3-4]和隐私保护[5]等。

关于以室内平面图和准确定位为前提的室内导航系统已有广泛的研究[6-7]。但一个棘手的问题是，室内平面图的获取或更新需要耗费大量人力、物力。一种解决方案是通过众包[8-10]，但这种方案较为耗时[6]，缺乏室内的具体细节[11]，且室内结构具有复杂性，导致难以保证导航成功。对于室内定位，利用 Wi-Fi/磁信号[12-15]等环境信息的技术通常导航精度较低，而可见光定位技术通常需要调制 LED 光源的闪烁频率和修改 COTS 移动设备（或安装额外设备）[16-21]，抑或通过后端摄像头捕捉未修改的荧光灯的特征频率，但这是一种低效的方案[22]。与上述方法不同，NaviLight[23]利用未调制光源的光强作为位置指纹，但它可能面临许多实际问题，例如室温、设备多样性、海拔等影响因素。Zhu[24]提出利用不断拍照的方式来实现室内定位，但这无疑会引发隐私泄露问题。一项名为RETRO[25]的研究利用逆反射光信号作为室内定位的位置特征，但它需要在光源上额外安装多个光电二极管，以及在无源物联网设备上安装其他特殊设备（例如后反射器和 LCD快门）。这些实际问题都给室内导航的部署带来了巨大的挑战。

在本章中，提出并回答了以下关于室内导航的 4 个问题。

（1）室内导航是否需要室内平面图和定位系统？不需要。导航的作用只是给用户推荐一条通往目的地的参考路径和下一步的移动方向。这实际上可以通过建立一个从步行空间到虚拟图的映射，并在图上计算用户位置和导航路径并实现导航跟踪。因此，导航只需要计算用户在虚拟图上最近的顶点，而无须知道具体物理位置在哪里。

（2）现实场景中是否可能找到适合室内导航的平面图？答案是肯定的。一般来说，室内空间中光源是随处可见的。实验表明，光源和光源的峰值强度（或峰值）之间存在一一对应关系。当人们在光源下行走时，可以由随身商用部件法移动设备的光传感器检测到光强。由此，可以得到一幅虚拟的峰值图，其中每个峰值（或光源）对应一个顶点，两个连续的峰值形成一条边。这样的虚拟图是可以用于导航服务的，因为它与室内步行空间高度相关。

（3）一个加权有向图对室内导航有帮助吗？有帮助。为了找到最佳导航路径（例如用时最短），图的每条边应该都有权重。对于视觉导航，边的方向可用于提示何时和在何处改变行走方向。

（4）是否必须命名每个顶点（例如，使用手动标记或光源的频率）进行导航？这不是必要的。虽然，通过对室内空间中感兴趣的位置（或虚拟图中的顶点）进行命名，用户可以与附近顶点的确切位置相关联，这样就可以实现基于室内地图的导航服务。但是，捕获LED 灯的闪烁频率通常需要调制光源和修改移动设备，而荧光灯的特征频率往往随时间和温度的变化而动态变化，这使得基于频率的命名方案不切实际。另一种解决方案是通过手动标记，但这也因成本过高而难以在实际中推广应用。相比之下，本章提出的系统将每个用户与生成的虚拟图中的某个顶点关联起来。当用户（如艾丽丝）要求导航服务到达目的地（如艾丽丝的朋友鲍勃所在处）时，该目的地也与图中的一个顶点相关，系统可以通过导航路径上检测到的峰值数量来跟踪进度，在这种情况下实际上不需要手动标记顶点。但值得注意的是，如果艾丽丝想访问的是某个地方（例如商店）而不是朋友所在处，为了提供准确的导航服务，应在目的地对应的顶点上做好标记。这个手动标记过程实际上是可以由店主来实现的，因为这样有助于店铺增加销售量；对于其他顶点则不需要手动标记。

综上所述，在本章中，提出利用室内普遍存在的未调制光源所产生的光强信号构建虚拟图，为室内导航提供了一个新的视角。进而开发了 PILOT 系统这样一种基于照明系统构建出虚拟图的新型室内导航系统。具体来说，在虚拟图表征中，每个顶点（即一个峰值）对应一个光源，两个相邻顶点形成一条边。此外，为了提供一条带有可视化提示的短距离导航路径，PILOT 系统为每条边分配了长度和方向。类似于基于全球定位系统的户外导航系统的地图，虚拟图可以作为室内导航的全局参照框架[26]，为运动规划[27]问题提供特殊视角。

本章所提出的 PILOT 系统由群智感知参与者、云服务器和导航用户三个部分组成。每个参与者（例如，店主/行人）在随身携带的移动设备上打开 PILOT 客户端应用程序，同时在感兴趣的室内空间中行走。该设备定期收集光强，并从气压计、陀螺仪和罗盘等内置传感器中读取数据，从而在参与者到达目的地时将带有感知数据的行人路径上传到云服务器（图 3.1.1 中的"行人路径生成"）。然后，云服务器通过计算两两路径间的公共部分来实现路径合并，形成一幅可以表征照明系统布局的虚拟图。当接收到来自用户的导航请求时，服务器首先计算最接近用户的顶点（在虚拟图中），然后在用户的设备上生成具有可视化提示的导航路径。在导航过程中，PILOT 会跟踪用户（即处在虚拟图上的顶点），并提示可视化导航服务（图 3.1.1 中的"导航用户界面说明"）。

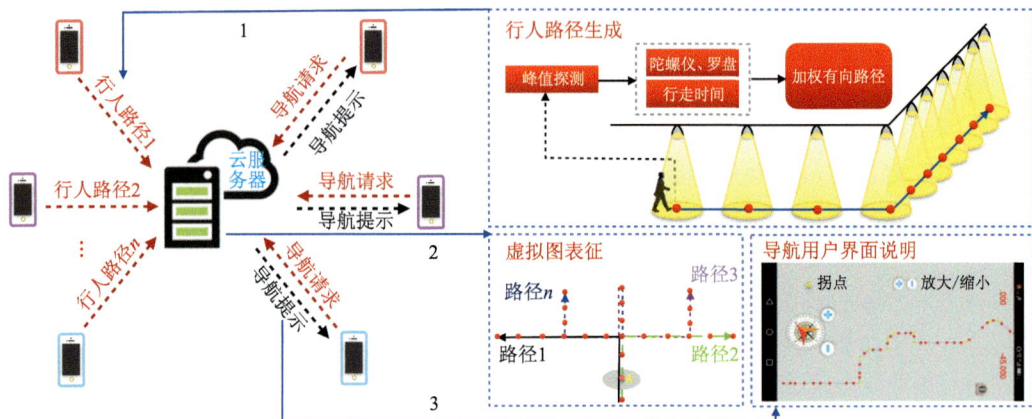

图 3.1.1　基于光强峰值识别的 PILOT 导航示意图

特别强调的是，与现有的室内导航系统[6-7, 28-29]相比，PILOT 的 4 个显著特征使其具有更广泛的适用性。①由于以群智感知方式利用未调制光源的峰值强度，所以它不需要额外预部署工作。②它不依赖任何室内平面地图或定位系统。相反，它从罗盘、陀螺仪等内置传感器中收集数据，帮助生成可供导航服务的虚拟图。③它能提供不需要物理位置的导航服务，因为它对导航的起始/结束位置没有限制。④它对人们的行走模式没有限制，也不需要调制光源或修改移动设备。

3.2　基于光强峰值的室内导航虚拟地图构建

如上节所述，利用可见光源的光强峰值来构建虚拟图可以实现室内导航。但需要注意，传统方法是利用 Wi-Fi[10, 30-31]、地磁场[6-7]等环境信号的峰值或序列用于室内定位和基于位置的服务。例如，Walkie-Markie[10]探讨了这样一个事实，即沿着路径行走时，主 Wi-Fi AP 的接收信号强度有从增加到减少的趋势，并且与趋势相对应的位置可用作 Wi-Fi 标记，根据这些从众包轨迹中获取的标记可以推断廊道地图。Wi-Fi 的长周期扫描会耗费手机电量，而缩短扫描周期可能会导致识别的 Wi-Fi 标记减少，从而降低地图质量。每个用户只需要感知 Wi-Fi 信号几分钟，就会有更多的用户参与进来，进而得到足够多的轨迹。此外，如果使用 Wi-Fi 标记进行室内导航，那么在导航过程中跟踪用户所增加的手机功耗可能会非常大，特别是在一个巨大的购物中心。当室内位置服务[6-7]采用地磁场序列时，基于动态时间规整（dynamic time warping，DTW）的跟踪同步所需要的计算复杂度可能非常高。

在室内环境中，一个非常重要的现象是，照明设备通常固定在天花板上，这些照明设备通过适当连接形成一个基于光源的拓扑图，而用于感知光强的光传感器比 Wi-Fi 模块更节能。就像基于 GPS 导航系统中的电子地图，光源及其相邻关系具有作为全局参照框架的潜力，因此是室内导航系统位置指纹的不错选择。由于两个地理上相近的光源可能不能直接接触到（例如，由于它们之间可能存在一堵墙），相邻光源之间的步行空间不一定与照明系统布局（即光源形成的欧氏空间）相匹配。因此，利用实际光源的布局可能导致用户无法到达目的地。本章主要目标是找到光源和峰值强度之间的一一对应关系，并识别两个连续的峰值强度对应的两个相邻的光源，使得人们可以直接从一个光源点行走到下一个光源点。

为此，准确定位用户当前正在哪个未调制光源下行走，无疑是利用光源来提供导航服务的第一步。如前所述，频率捕获技术存在许多实际问题（例如，对 LED 光的调制）。幸运的是，光的传播模型允许我们利用光强进行光源检测。具体来说，照明强度与距离的平方成反比，当人接近光源后再离开时，COTS 移动设备上的光传感器将依次观察到光强的增加趋势、出现峰值和减少趋势。如图 3.2.1 所示，实验表明即使设备保持不同方向，即手机平放、垂直向上、左侧向上和右侧向上等，或人们以不同速度行走甚至是设备在行走期间摇晃，峰值出现时间也大致相同，并且光强峰值不受环境噪声的影响（例如，由于灯 A 附近的门处于打开状态，阳光会带来一定的干扰）。此外，行人在光源正下方或者其他不同位置行走时，总能检测到唯一一个与光源相对应的峰值。这些现象表明，利用用户携带的移动设备检测到的峰值强度，可以建立起与光源的一一对应关系。

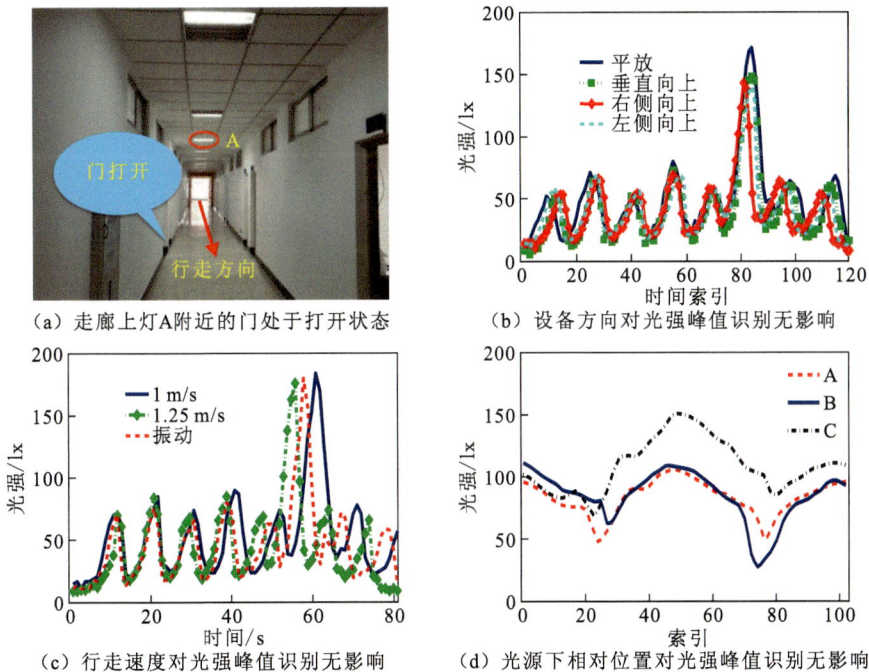

（a）走廊上灯A附近的门处于打开状态

（b）设备方向对光强峰值识别无影响

（c）行走速度对光强峰值识别无影响

（d）光源下相对位置对光强峰值识别无影响

图 3.2.1　算法示例

在发现峰值强度和光源之间的一一对应关系后，将这些峰值连接起来，就可以为每个参与者生成一条步行路径。具体来说，就是在两个相邻峰值或顶点之间绘制一条边，并以其间的行走时间作为边的权重（即长度），同时利用陀螺仪和罗盘读数计算边的方向。图 3.2.2 描绘了不同行走轨迹下的陀螺仪读数随时间的变化规律，由图可知，当出现急转弯时，陀螺仪读数会突然发生变化，而在直线行走时则会保持相对稳定，这显示了陀螺仪读数用于计算边的方向的可行性。再结合罗盘读数，可以推导出边的绝对方向，该方向用于在合并多条路径时的重叠部分识别。最终，可以生成一幅包含光源之间相邻关系的峰值虚拟图。该过程并未借助室内平面图、定位系统或光源布局。

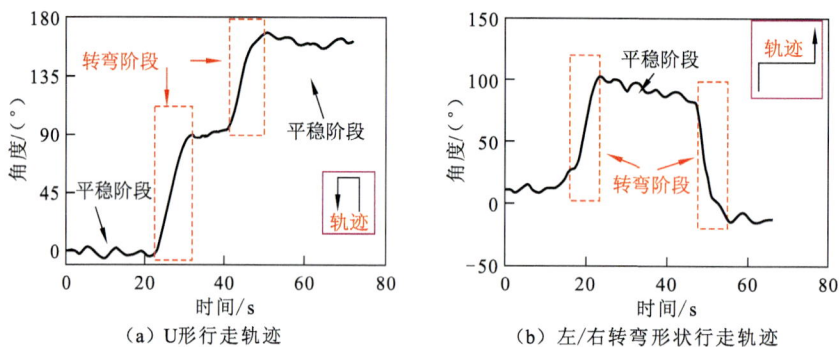

（a）U形行走轨迹　　　　　　（b）左/右转弯形状行走轨迹

图 3.2.2　不同行走轨迹下陀螺仪读数变化情况

下一节将阐明，光强峰值确实有助于实现用户在导航过程中与虚拟图的关联。同时，由于生成的虚拟图很好地代表了步行空间，在地理上靠近但被障碍物隔开的两个光源在虚拟图中相距很远，因而用户实际上是不可能直接从一个光源下走到另一个光源下。因此，利用虚拟图可以计算出绕开障碍物的导航路径，从而保证导航成功。

为了在真实场景下应用 PILOT，需要解决许多问题：①光强的波动（环境影响引起的波动，例如墙壁和镜子等反射器的干扰，来自附近照明器的干扰等）会产生假阳性结果（即假峰值），导致导航路径/提示可能不准确；②陀螺仪和罗盘读数易受干扰，特别是累积误差的存在，使得准确计算边的方向变得困难；③如果没有顶点标识符或位置指纹，在计算多条行人路径的重叠部分以进行路径合并、在计算用户位置和导航期间检测用户偏离路径等方面都存在问题。接下来将介绍 PILOT 如何应对这些问题。

3.3　系　统　设　计

3.3.1　概述

PILOT 的原型由虚拟图生成模块和导航模块两个主要模块组成，如图 3.3.1 所示。在虚拟图生成模块中，每个使用COTS 移动设备的群智感知参与者收集必要的感知数据，形成一条由顶点（即峰值）和有向边组成的行人路径，并将其上传到云服务器。然后，云服务器通过计算路径重叠部分，以合并来自不同参与者产生的行人路径，从而形成一幅虚拟图。在导航模块中，PILOT 将请求导航服务的用户与虚拟图相关联（即定位），从而在图上计算一条有向和加权的导航路径，引导用户到达目的地。在行走过程中，PILOT 继续跟踪用户当前位置（对应于虚拟图上的某个顶点），并提供可视化导航提示。如果用户偏离了给定的导航路径，PILOT 将向用户发送警报，并引导用户返回原来路径，或依据更加便捷原则重新计算一条新的导航路径。

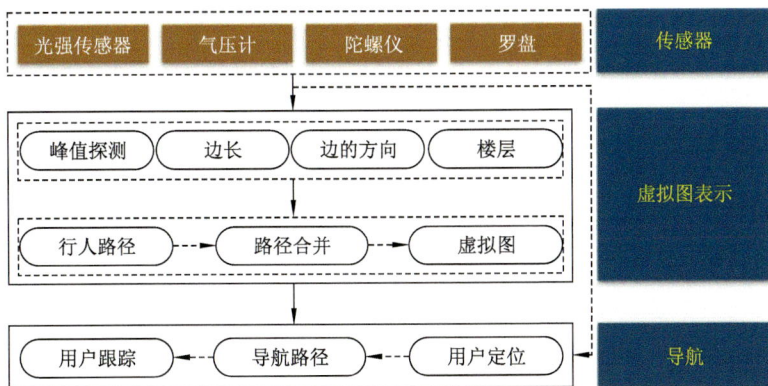

图 3.3.1　PILOT 系统架构

图 3.3.2 描述了 PILOT 系统的工作流程。每个群智感知参与者的移动设备持续检测光的强度[图 3.3.2（a）]、陀螺仪和罗盘读数。PILOT 系统利用无限冲激响应（infinite impulse response，IIR）滤波器和移动平均技术等方法来平滑有噪声的光强，见图 3.3.2（b），并根据归一化过程识别峰值，如图 3.3.2（d）所示。然后构造出一条步行路径，其中每个峰值对应一个顶点，两个连续峰值（即顶点）构成一条边，将两个峰值之间的步行时间指定为对应边的长度。基于陀螺仪读数[图 3.3.2（c）]，计算出边的相对方向，并利用罗盘读数来计算边的绝对方向。根据路径上顶点的气压计读数，检测出跨层导航的楼层变化情况。

为了计算两条路径的重叠部分，PILOT 系统利用边的绝对方向和顶点的数量来确定两条路径是否重叠以及在哪里重叠，然后运用动态时间规整技术[32]对罗盘读数进一步验证。例如，在图 3.3.2（e）中，从路径 1 和路径 2 中，可以推断出参与者 1 和参与者 2 都首先向东走，直到检测到 5 个峰值，然后向左转向北方。当检测到 5 个峰值并向左转弯后，再向西行走。因此，可以计算出路径 1 和路径 2 之间的重叠部分。通过提供更多的路径信息，可以计算成对路径（例如路径 2 和路径 3）的重叠部分（如果有的话）。最终，通过合并多个具有重叠部分的行人路径来构造出虚拟图，如图 3.3.2（f）所示。

当另一个用户请求导航服务时，PILOT 系统首先将罗盘读数与该虚拟图中边的方向相匹配，使得该用户与虚拟图能连接起来。依据虚拟图上给定目的地（例如，用户的朋友所在处）的顶点，系统生成一条具有最短步行时间的导航路径，并在用户的设备屏幕上显示一条可视化导航路径。之后，PILOT 系统显示下一步动作提示，并通过检测峰值和行走方向来跟踪用户，直至其到达目的地。

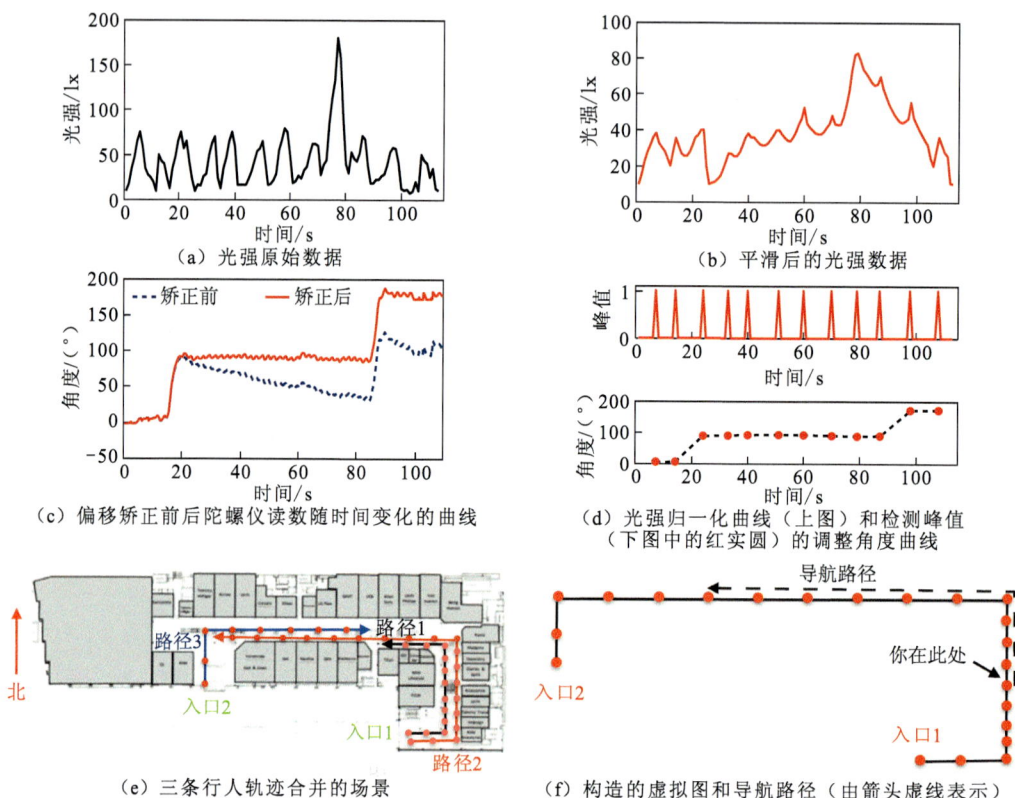

（a）光强原始数据

（b）平滑后的光强数据

（c）偏移矫正前后陀螺仪读数随时间变化的曲线

（d）光强归一化曲线（上图）和检测峰值（下图中的红实圆）的调整角度曲线

（e）三条行人轨迹合并的场景

（f）构造的虚拟图和导航路径（由箭头虚线表示）

图 3.3.2　PILOT 系统工作流程

3.3.2　虚拟图生成

在 PILOT 系统中，群智感知参与者通过上传感知数据来帮助生成虚拟图。具体来说，每个参与者打开 PILOT 系统，同时将移动设备拿在手中前进。移动设备周期性地感知步行空间上方光源的光强，并收集陀螺仪和罗盘数据。在检测到峰值时，系统根据陀螺仪和罗盘数据计算行走方向，并通过气压计跟踪楼层变化。对于每条行人路径，PILOT 系统首先检测与顶点对应的光强峰值，然后计算连接相邻顶点的边的长度和相邻顶点之间的陀螺仪读数的差值，作为每条边的相对方向。这样，每个参与者就建立了一条行人路径。系统对来自参与者的多条路径进行重叠部分识别后再依次合并起来，最终生成虚拟图。

1. 峰值识别

由于光传感器读数不可避免地会出现噪声（例如，由表面反射、运动摆动等引起），系统对峰值的识别包括以下三个步骤。

（1）IIR 滤波器：对于采集到的强度序列 $\{x_1, x_2, \cdots, x_n\}$，我们首先应用一阶 IIR 滤波器去除高频分量，得到滤波后的序列 $\{\overline{x}_1, \overline{x}_2, \cdots, \overline{x}_n\}$。

$$\overline{x}_k = (1.0 - \delta)\overline{x}_{k-1} + \delta x_k \tag{3.3.1}$$

其中，$\delta \in (0,1)$ 为滤波系数，且 $\overline{x}_0 = 0$。在我们的实验中，我们设置了 $\delta = 0.8$。

（2）加权移动平均数：我们计算序列 $\{\overline{x}_1, \overline{x}_2, \cdots, \overline{x}_n\}$ 的 l 项加权移动平均数如下。

$$\tilde{x}_k^l = \sum_{i=k-(l-1)/2}^{i=k+(l-1)/2} \alpha_i \overline{x}_i \tag{3.3.2}$$

其中，$\alpha_1, \alpha_2, \cdots, \alpha_l \in (0,1)$ 为满足 $\alpha_1 + \alpha_2 + \cdots + \alpha_l = 1$ 的系数。在本章简单地设置了 $l = 5$ 和 $\alpha_1 = \alpha_2 = \cdots = \alpha_5 = 0.2$。

（3）强度规范化：将正向差分算子定义为 $\triangleleft \tilde{x}_k^l = \tilde{x}_k^l - \tilde{x}_{k-1}^l$，将反向差分算子定义为 $\triangleright \tilde{x}_k^l = \tilde{x}_k^l - \tilde{x}_{k+1}^l (k < n)$。设 $I_A(x)$ 为一个指示函数，这样对于一个集合 A，$I_A(x) = 1$，当且仅当 $x \in A$。对于任意 k，如果以下公式成立：

$$I_{[0,+\infty]}(\triangleleft \tilde{x}_k^l)I_{[0,+\infty]}(\triangleleft \tilde{x}_k^l \times \triangleright \tilde{x}_k^l) = 1 \tag{3.3.3}$$

那么 $\tilde{x}_k^l$ 就对应一个峰值，时间 k 是出现峰值的时间。

在大多数情况下，上述方法可以正确识别出光源峰值，但如果参与者在光源下方转向、两个光源非常接近或参与者走得非常快，也可能会有例外。也就是说，有可能存在假的峰值，或者真的峰值未被识别出来，因此，峰值和光源之间的一一对应关系可能被破坏，如图 3.3.3 所示。图 3.3.3（b）描述了场景 1 中参与者在光源 B 下右转后，会错误地识别出一个峰值，即假峰值（图中由矩形表示的第 3 个峰值）。从图 3.3.3（c）中还观察到，在有三排光源并列的场景 2 中，假峰值会变得更多。一个可行的纠正做法是，首先计算峰值出现前的光强之谷值，然后用给定的阈值（例如 50 lm）比较峰值强度与谷值强度之间的差值。如果前者更大，那么峰值是正确的，否则就不正确。如图 3.3.3（b）和图 3.3.3（c）所示，经过这个过程后，真实峰值基本上能被准确识别。

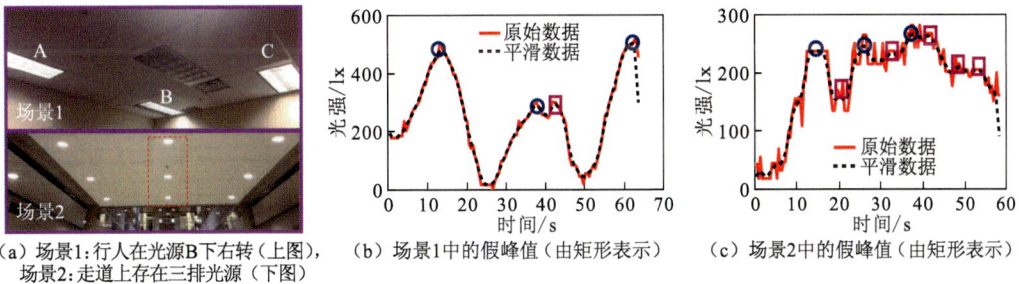

（a）场景 1：行人在光源 B 下右转（上图），场景 2：走道上存在三排光源（下图）　（b）场景 1 中的假峰值（由矩形表示）　（c）场景 2 中的假峰值（由矩形表示）

图 3.3.3　假峰值或峰值未被识别出的情形

2. 边的长度

为了推导出室内导航的全局参照框架，系统通过识别边，以及计算每条边的长度和方向，来建立一个加权的峰值拓扑（虚拟图）。

为了构建可视化导航系统的全局参照框架，在两个连续峰值对应的成对顶点之间绘制一条边，生成一个加权和有向拓扑。为此，要计算边长，一种直观的方法是计算从一个顶点到另一个顶点的距离。这可以通过计算连续峰值之间的近似位移，例如，利用步数乘参与者的步长来实现[33]。但该方法的缺点是，需要录入参与者的身高或性别等私人信息来估计步长，而参与者可能因隐私问题而不愿披露这些信息。另一种方法是计算加速度计读数的双重积分[26]，但存在显著的累积误差。本章的目标是提供一条具有最短步行时间的最优路径，所以可以简单地将从一个峰值到下一个峰值的步行时间视为边长。当然，这也会产生一个问题，即相同两个光源下，不同的参与者可能有不同的步行速度和步长，这使得不同行人路径的边长并不完全统一。下文将会叙述解决这个问题的办法。

3. 边的方向

为了及时为用户的下一步行动提供正确的指令，需要计算顶点间的相对方向，即边的方向，这对可视化导航提示来说是至关重要的。为此，系统使用了用户在行走过程中收集到的陀螺仪读数。由于陀螺仪传感器存在累积的偏移误差，所以引入了一种机制来矫正偏移，如表 3.3.1 所示。图 3.3.4 显示的是放置于桌上、配备了 LSM330 陀螺仪传感器的智能设备所感知的角度随时间的变化曲线。由图可知，不管陀螺仪读数有或没有经过偏移矫正，都存在累积误差，但通过参数 Coffset＝0.005 来实现矫正后，偏移过程的误差就会稳定下来，即使仍然有一个 2° 左右的误差，也不会影响边的方向，因为行人通常会在 2 s 内完成转弯动作（图 3.3.5），所以这样转弯的误差就可以被忽略了。利用这种新的矫正机制，就可以根据陀螺仪读数连续计算行走方向。一般来说，当用户进行左/右转弯时，陀螺仪的读数可能会变化很大。图 3.2.2（a）、（b）描述了两种不同的轨迹（由矩形中带有箭头的曲线表示）和基于陀螺仪读数的相应的行走方向。由图可知，行走轨迹包括一组转弯阶段（表示左/右转弯）和稳定阶段（即直线行走而不进行转弯动作）。

表 3.3.1　矫正偏移量的伪码

输入：陀螺仪读数序列 $\{g_0, g_1, g_2, \cdots, g_m\}$，$C_{偏移量}$，$dt$（时间间隔）；

输出：相对角度序列 $\{A_1, \cdots, A_m\}$；

初始化：$S_{偏移量}＝0.00$；

for $i＝1: m$ do

$S_{偏移量}＝C_{偏移量} \times g_i + (1 - C_{偏移量}) \times g_{偏移量}$；

$v_i＝g_i - S_{偏移量}$；

$a_i＝a_i + v_i \times dt$；

$A_i＝a_i$；

end for

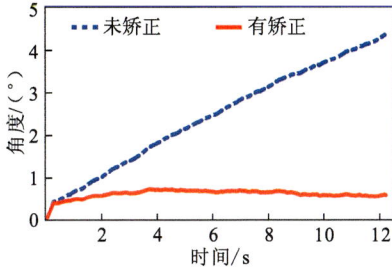

图 3.3.4　偏移矫正前后的陀螺仪读数随时间的变化

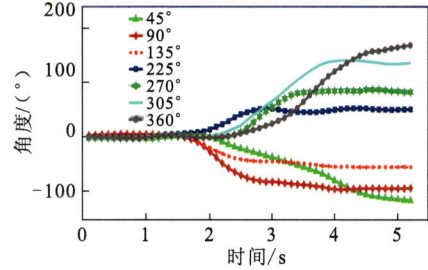

图 3.3.5　不同转弯角度的转弯时间

然而，从图 3.2.2 中可以发现，即使用户在走道上直行，移动设备的摇晃、陀螺仪的读数噪声、转弯动作等，也会导致陀螺仪读数的大幅波动。如果不考虑这些因素，即便用户实际上是在一条直线走廊上行走，也可能得到一个弯曲网络拓扑，从而生成的是一个非常复杂但又不能准确反映步行空间的真实拓扑。为了解决这个问题，通过实验发现连续峰值和/或光源之间的距离通常是 3～5 m，陀螺仪读数不会有显著变化，下面我们提出以如下方式识别转弯的边。

定义 1： 对于两个相邻顶点 v_i 和 v_j，设峰值时间 t_i 和 t_j（$t_i < t_j$）对应的角度分别是 $\angle v_i$ 和 $\angle v_j$，对于一个给定的阈值为 $\delta_\angle$，如果 $|\angle v_i - \angle v_j| > \delta_{\angle_j}$，则边 $\overline{v_i v_j}$ 是一条转弯边，顶点 v_i 和 v_j 是转弯顶点；否则，边 $\overline{v_i v_j}$ 是一条非转弯边。

由图 3.3.6 可知，在发生转弯前后的两相邻顶点之间角度差的最大误差约为 10°。所以在实验中设置了 $\delta_\angle = 15°$，这可以保证系统能准确地检测到转弯动作的发生。显然，由于陀螺仪读数存在噪声，即使 $\angle v_i$ 和 $\angle v_j$ 是在一条直线走廊中被短时间内识别出的两个峰值，它们也可能会有所不同，为了保证生成的虚拟图不弯弯曲曲，对于任何非转弯边，将 v_j 的调整角度定义为 $\angle \mathrm{adj} v_j \triangleq v_i$，在初始时刻调整角度定义为零，这样当用户在没有转弯动作的直线走廊中行走时，可以根据调整后的角度序列生成一个直线拓扑。转弯后，转弯顶点 v_i 与顶点 v_j 之间的转弯角计算公式为 $|\angle v_i - \angle v_j|$。这样，就可以成功地消除陀螺仪读数的累积误差。

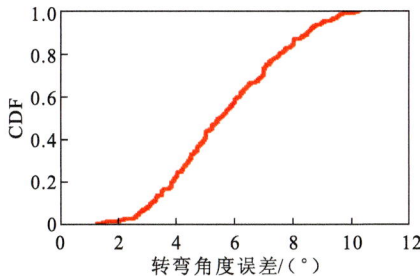

图 3.3.6　转弯角度误差

需要引起注意的是，在具有相同的成对转弯顶点的走道上行走时，对于不同的行人，利用上述计算方法得到的转弯角度可能会有所不同，所以不能直接应用于虚拟图生成。

一个可以获得固定的旋转角度 $|\angle v_i - \angle v_j|$ 的简单办法就是：如果 $|\angle v_i - \angle v_j|$ 接近 $45°$（或 $90°$，$135°$，…），那么设置 $|\angle v_i - \angle v_j| = 45°$（或 $90°$，$135°$，…）。但不可取的是，它可能会偏离真实的转弯角度，因为真实的转弯角度可以是任意其他值。后续将会利用具有重叠路段的多条行人轨迹来设计解决方案。

通过得到的调整角度，可以很容易地确定每条边的相对方向。为了计算边的绝对方向，我们结合了陀螺仪和罗盘读数。但罗盘读数通常比陀螺仪读数更不稳定。例如，当我们在一条笔直的走廊上行走几十秒时，我们观察到罗盘读数的波动可以超过 $15°$，而陀螺仪读数相对稳定，如图 3.3.7 所示。因此，罗盘读数本身并不能直接用于计算边的绝对方向。由于陀螺仪读数相对更加稳定，特别是在与上述识别出的峰值进行对齐后，可以使用这些数据来矫正罗盘读数：当根据陀螺仪数据没有检测到左/右转弯行为，而罗盘读数的变化很大时，罗盘读数是不准确的。PILOT 系统中，当用户沿直线走廊行走时，系统消除了这种不准确的罗盘读数，并将罗盘读数序列的中位数视为直线走廊上所有边的绝对方向。

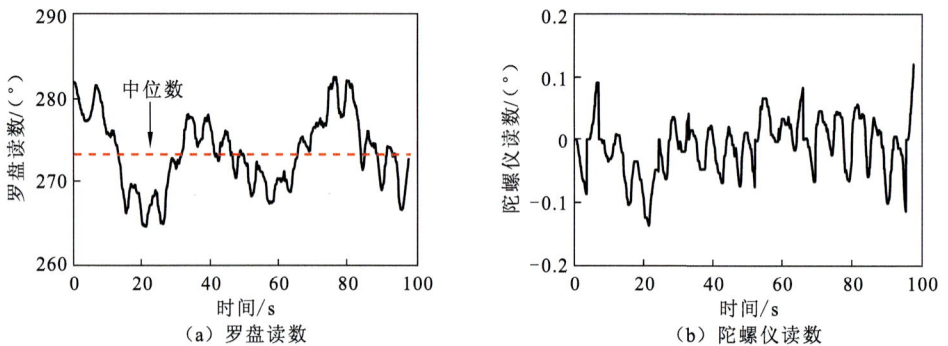

图 3.3.7　沿着直线走廊行走时收集的罗盘和陀螺仪读数

4. 楼层变化检测

需要注意的是，用户会通过电梯、自动扶梯或楼梯上/下楼，此时气压计读数会发生很大变化。现有的室内导航系统，例如 FOLLOWME[6]只能提示楼层是否发生变化，但无法准确计算出楼层的变化值，这可能会让用户在上/下楼时无法正确判断楼层。

通过实验发现，在乘坐电梯、自动扶梯或走楼梯时，气压计读数随时间变化的曲线呈现出不同的特征，其中乘电梯的曲线最陡，走楼梯的曲线最平坦，如图 3.3.8（a）所示。虽然用这种办法可以区分出用户是乘电梯还是走楼梯，但乘自动扶梯和走楼梯的区别似乎并不显著。幸而实验中另外发现走楼梯时的陀螺仪读数有一个显著不同的模式，即有一个 $180°$ 的急转弯，如图 3.3.8（b）所示，这样就可以区分用户是走楼梯还是乘自动扶梯。

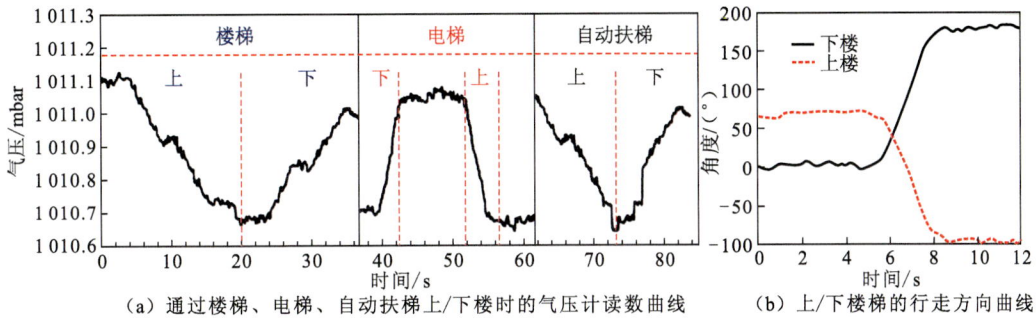

（a）通过楼梯、电梯、自动扶梯上/下楼时的气压计读数曲线　　（b）上/下楼梯的行走方向曲线

图 3.3.8　楼层改变时的气压计读数曲线

一旦检测到楼层变化信息，就可以进一步确定参与者乘坐电梯时的楼层变化，从而以如下方式确定每个参与者的具体楼层。假设研究的室内空间有 k 层，用户上/下一层楼时气压计读数的绝对差为 δ_1，乘电梯参与者的绝对差为 δ_2。通过计算 $\delta(1)=\left[\dfrac{\delta_2}{\delta_1}\right]$（$[\cdot]$ 为取整数函数），可以推出改变的楼层数。之后，对于第 $l_i(i\leqslant k)$ 楼层上的顶点形成的子图，可以得到 l_i 与任何其他楼层 $l_j(j\leqslant k)$ 之间的差值，用 $\delta(i,j)$ 表示。如果对于任意 $j(j\neq i)$，第 $l_j(j\leqslant k)$ 楼层子图上的顶点（或其中一个）比第 l_i 层子图上顶点的楼层更高，那么推断 $l_i=1$。这样就可以推断出其他子图所在的具体楼层。

到目前为止，已经得到了由参与者 i 产生的行人路径，它由一系列顶点 $v_1^i,v_2^i,\cdots,v_{k_i}^i$（$k_i>1$）和加权边 $e_1^i,e_2^i,\cdots,e_{l_i}^i$ 组成。当然，可以很容易地推断出反向边 $e_j^i(j<l_i)$ 的方向。

5. 路径合并

当多条路径被上传到服务器时，PILOT 把它们合并起来形成一个虚拟图，这样系统就可以为用户提供更短的导航路径，或者当用户有多个目的地要访问时为其提供捷径。为此，需要找出两条路径是否有重叠部分，以及在哪里开始重叠。Travi-Navi[7] 利用了基于 Wi-Fi 的指纹距离来计算重叠部分，需要设备频繁扫描周围的 Wi-Fi 信号，这将额外耗费大量的人力、物力，同时精度还得不到保证。

举一个说明性例子，当两个用户沿着走廊行走，并分别从光源 0 到光源 10 和从光源 4 到光源 13，开始收集光源周围 Wi-Fi 信号时，分别生成图 3.3.9（a）中的路径 1 和路径 2。对于路径 1 上的每个顶点 v_i，计算了 v_i 到路径 2 上的顶点的指纹距离，如果路径 1 上 v_i 到路径 2 上的顶点 v_j 之间的指纹距离是最小的，就可推断路径 1 和路径 2 在 v_i 处（或 v_j 处）重叠。图 3.3.9（b）给出的是匹配结果，其中 x 轴和 y 轴标签的数字分别表示路径 1 和路径 2 上的光源编号，颜色条表示路径 1 和路径 2 上的成对顶点之间的指纹距离值，蓝色表示近距离，红色表示远距离。显然，路径 1 上的顶点 5 被错误地标识为路径 1 上的顶点 6。

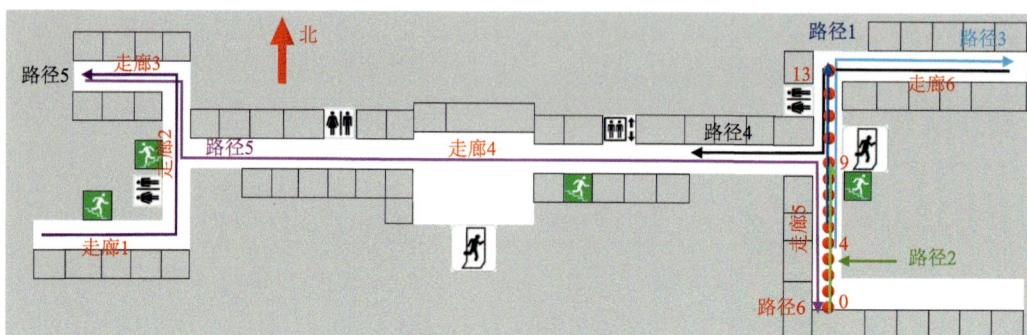

（a）不同的人行道用不同的颜色标记

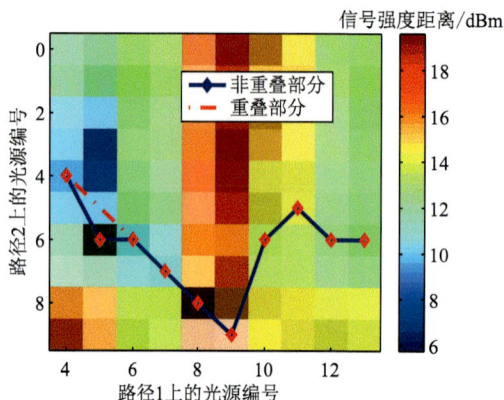

（b）基于Wi-Fi的重叠检测

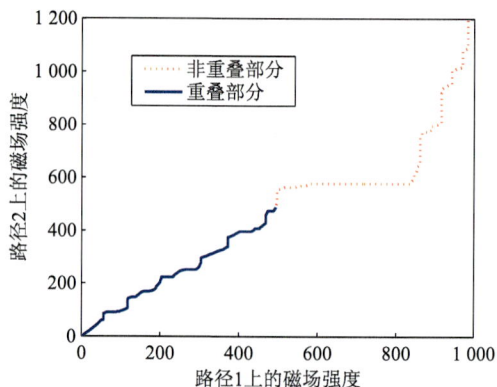

（c）基于DTW的重叠检测

图 3.3.9　一个有 6 条走廊的室内场景的说明性例子

另外，实验观察到罗盘读数在不同走廊间是有区别的（例如，走廊 4 和走廊 6，走廊 2 和走廊 5，都有明显不同的罗盘读数），并且比 Wi-Fi 信号更有区分度，如图 3.3.10 所示。这样就可以将 DTW 技术[33]应用于罗盘数据序列，以进行重叠部分的检测。图 3.3.9（c）表明，基于 DTW 的方法得到了正确的匹配结果，准确检测到了两路径的重叠部分。但是需要注意的是，有些特殊场景下仅凭罗盘读数还可能不足以准确检测重叠部分。例如，两个不同走廊也可能具有类似罗盘读数。因此，需要进一步利用走廊上反映光源密度的峰值/顶点的数量，因为不同的走廊可能有不同的光源密度[23]。

具体来说，为了缩小 DTW 计算的范围，定义一个走廊分支为两个相邻的转弯顶点之间的边的集合。对于路径 1 和路径 2，如果路径 1 的任何走廊分支在路径 2 中都找不到一个走廊分支，满足罗盘读数中位数大致相同这个条件，就可以确定这两条路径没有重叠部分。否则，它们就可能存在共同的边，这时应用 DTW 技术，通过匹配路径 1 和路径 2 的罗盘数据序列来进一步验证重叠的部分。如果在所有具有相似罗盘读数和相同顶点数量的走廊分支中，DTW 的成本是最小的，那么这两条路径就具有共同的边，在此基础上可以根据规整路径来定位重叠的部分。利用这些策略，就可以根据检测到的重叠部分将两条路径合并成一个更大的虚拟图。最终，所有的路径都可以按照路径上传的顺序集成到一个全局虚拟图中。显然，通过进一步整合楼梯、电梯或 Wi-Fi 路由器等固定设施，可以极便利、精准地将路径锚定于现实物理场景中，从而使方案更成熟，计算复杂度也更低。

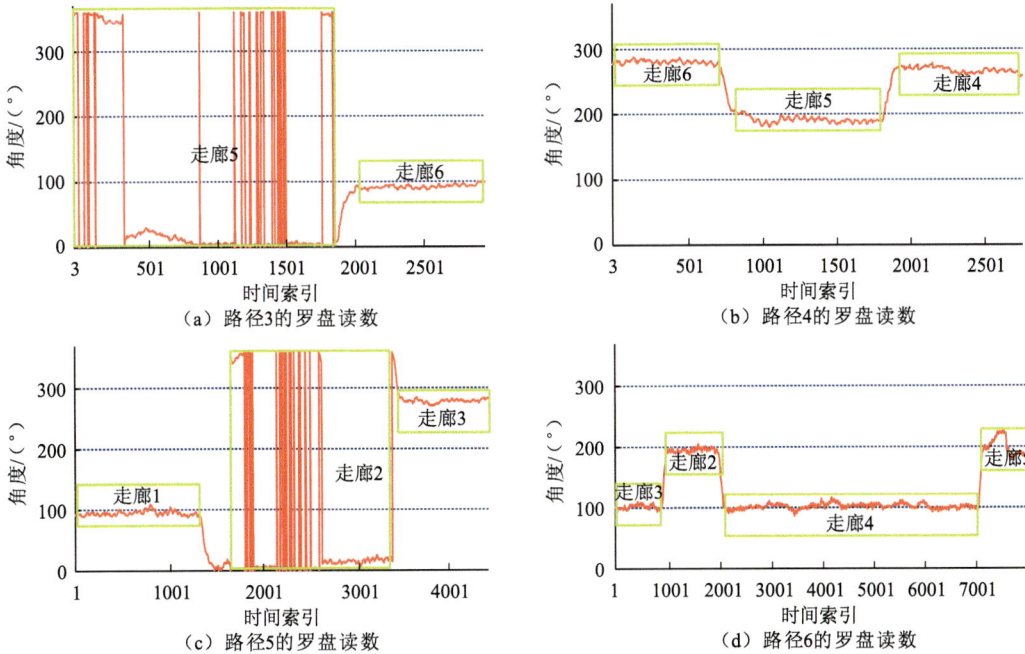

图 3.3.10　沿着四种不同路径行走时用户收集到的罗盘读数

注意到当具有重叠部分的两条行人路径合并后，由于不同的用户以不同的速度行走，或者每条行人路径的转弯角度也可能因参与者的轨迹不同而不同，因此在不同轨迹上相同两个点之间的距离可能不一致。我们可以通过合并具有重叠部分的行人路径来解决这些问题[10]。设路径 1 和路径 2 重叠部分上的平均边长分别为 t_1 和 t_2。将公共边的长度比定义为 $\lambda(p_1, p_2) = t_2 / t_1$，然后将路径 2 上任何边的长度更新为 $\lambda(p_1, p_2) t(v_i, v_j)$，其中 $t(v_i, v_j)$ 表示路径 2 上 v_i 和 v_j 之间的行走时间。类似地，将路径 1 或路径 2 与具有重叠部分的其他路径上的边长依次矫正，从而使不同参与者的边长都具有可比性。

为保证顶点间（图 3.3.11 中的顶点 A 和 B 之间）转弯角度的唯一性，计算了穿过 A 和 B 的 n_{AB} 条路径以及穿过 B 和 C 的 n_{CB} 条路径的转弯角度的平均值。这是因为顶点 A 和顶点 B 位于一条直线走廊，满足

$$\frac{|\angle A - \angle B| + \pi - |\angle C - \angle A|}{2} = \frac{\pi}{2}$$

因此，转弯角度可估计为

$$|\angle A - \angle B| = \left(\frac{\sum_{i=1}^{n_{AB}} |\angle^i A - \angle^i B|}{n_{AB}} + \pi - \frac{\sum_{i=1}^{n_{CB}} |\angle^i C - \angle^i B|}{n_{CB}} \right) / 2$$

在一些宽阔的走廊（例如购物中心走廊）上，可能会有多排光源存在，我们把这样的走廊称为多行走廊。利用具有重叠部分的多条有方向的行人路径，就可以很容易地识别出多行走廊。例如，在图 3.3.12 中，一个参与者在顶点 A 处向左转弯，而另一个参与者以相同的转角在顶点 A' 处向左转弯。可以确定顶点 A 和 A' 属于不同行的光源。同样，

在确定路径 1 和路径 2 在多行走廊的不同行后，也推断路径 1 和路径 2 在右转后属于不同行的光源。这是因为，对于路径 1，参与者在顶点 B 处转弯，另一个参与者在顶点 B' 处以相同的 90° 右转，但在路径 1 右转前检测到的峰值数量小于路径 2。

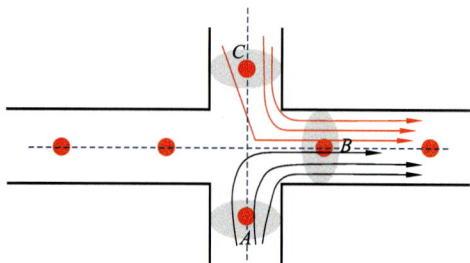

图 3.3.11　转弯角度计算　　　　图 3.3.12　多行光源存在情形

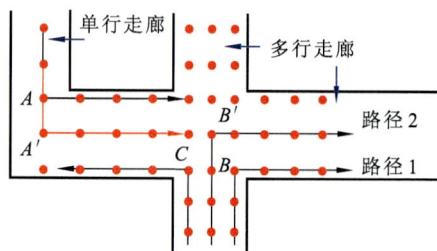

在行人路径生成过程中，当人们走在靠近窗户的走廊或透明屋檐下时，来自照明光源的光线可能会被阳光覆盖，这样 PILOT 可能会产生假阴性结果，这给路径合并带来巨大的挑战。此外，也可能会有一些光源失效，或者可能会部署额外的光源。为了处理这些动态问题，利用了边的相对方向和绝对方向。具体来说，在图 3.3.13 中，在没有阳光存在的情况下产生的路径 1 和受阳光干扰的路径 2 存在重叠部分。由于这里有一个 90° 的左转，可以确定它们在阳光干扰区域是否有重叠部分，并应用 DTW 技术计算出重叠部分。同样，可以推断，当有两个光源失效时，路径 3 和路径 4 也有重叠部分。因此，随机选择一条顶点数量最多的路径来初始化图，然后将图中一条与之有重叠部分的路径合并成一个扩张的虚拟图。

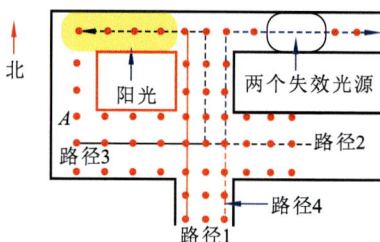

图 3.3.13　阳光干扰和光源的动态性

6. 语义标记

如果用户的目的地是他的朋友所在地（朋友也隶属于虚拟图的顶点），那么通过给定的起始顶点（对应用户所在的光源）和目的地（对应朋友所在的光源）可以很容易地计算导航路径，此时不需要手动标记。如果用户想要访问一个具体地方，或为了将现实世界中某个地点标定到构建的虚拟图中，就需要为相应的顶点指定一个语义标记（例如，商店名称或房间号），以方便具有任意起始位置的用户导航。为此，每个店主（或其他相关用户）在完成群智感知任务后，应对起始位置和目标位置的语义进行标记，从而对两个终端顶点进行语义标记。这种标记过程也可以用于重叠部分检测，因为如果两条路径重叠，那么在重叠部分将会有一些具有相同语义标签的顶点。

3.3.3　实时导航

为了提供导航服务，PILOT 计算方向并根据用户移动设备的感知数据与虚拟图关联。具体过程如下：当用户请求导航服务时，PILOT 需要根据罗盘读数来定位与用户关联的起始顶点。这要求用户首先沿着走廊走几步，此时移动设备不断地检测光强、陀螺仪和罗盘读数。在检测到一些峰值强度后，一条包含陀螺仪和罗盘读数的短的行人路径将被上传到服务器上。服务器通过 DTW 方法来确定虚拟图中哪个走廊分支与用户新生成的路径有重叠部分，从而确定与用户关联的起始顶点（参考图 3.3.14）。通过导航用户感知并被峰值隔断形成的罗盘数据序列，PILOT 将 DTW 技术应用于新路径上的罗盘数据序列和具有相似边的方向的历史路径上的数据序列。从图中可以看出，起始顶点应该对应于光源 2。在实践中，导航用户可能会被要求走更长的时间（例如，从光源 2 走到光源 4，而不是从光源 2 走到光源 3）来收集更多的罗盘读数，这取决于罗盘读数在峰值间有多高的辨识度。在识别出起始顶点之后，PILOT 计算从当前位置（例如与光源 3 对应的顶点）到用户输入的具有语义标记的目的地之间的导航路径。

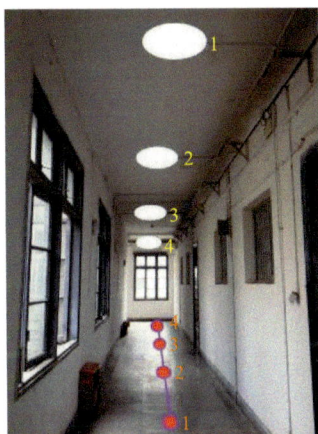

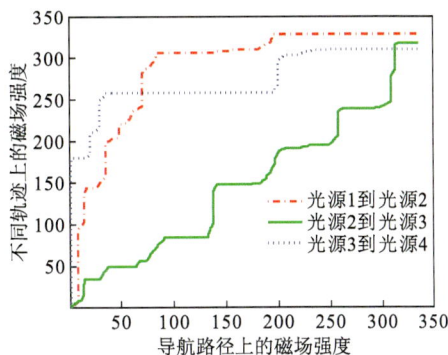

（b）光源布局图　　　　　　（b）基于DTW的匹配结果

图 3.3.14　基于 DTW 的用户位置计算（用户前一时刻的位置

在光源 2 下，当前位置在光源 3 下）

在导航过程中，用户沿着由顶点 $\{v_1, v_2, \cdots, v_n\}$ 和有向边 $\{e_1, e_2, \cdots, e_{n-1}\}$ 组成的导航路径行走。移动设备持续感知数据，使得 PILOT 能够连续跟踪用户，以避免用户偏离导航路径。具体来说，如果用户刚刚通过导航路径上的顶点 $v_i (i = 1, 2, \cdots, n-1)$，然后光传感器检测到新的峰值，PILOT 将 v_{i+1} 更新为当前顶点，如果导航路径前方有转弯的边，则系统需要提前提示更改行走模式（即转弯或上下多少层楼）。通过陀螺仪和气压计读数，PILOT 可以很容易地检测到用户是否偏离导航路径，如果检测到了偏离，则发出返回导航路径的警报。这样的跟踪过程一直持续直到用户到达目的地，即 $v_{i+1}=v_n$。

在导航过程中，一些光源可能会关闭，或者可能有阳光干扰来自光源的光线，这样可能会导致一些需要的光源/峰值不能被识别出来。为了解决这一问题，PILOT 计算导航用户从上一个顶点 v_i 到新的顶点 v 的步行时间 $t(v_i,v)$，以及其与 e_i 边长 $l(e_i)$（该边长由所有参与者的平均步行时间来估算）的比值。如果

$$\frac{t(v_i,v)}{l(e_i)}=\frac{t(v_{i-1},v_i)}{l(e_{i-1})}$$

其中，$t(v_{i-1},v_i)$ 表示用户从 v_{i-1} 到 v_i 的步行时间，则 PILOT 将 $v=v_{i+1}$ 更新为当前顶点。当多个（如 k 个）光源关闭时，PILOT 判断下式是否成立：

$$\frac{t(v_{i-1},v_i)}{l(e_{i-1})}=\frac{t(v_i,v)}{l(e_i)+l(e_{i+1})+\cdots+l(e_{i+k-1})}(i+k\leqslant n)$$

如果成立，则将 $v=v_{i+k}$ 更新为当前顶点。但需要注意的是，用户在行走过程中可能随时会停下来，这样步行时间就会变长。在这种情况下，可以使用加速度计读数来推断用户是否在行走，并通过减去静止站立的运行时间来得出真实行走时间。PILOT 的另一种方法是应用 DTW 技术计算用户在 v_i 和 v_{i+k}（$i\leqslant n-k$）之间的罗盘读数 $c(v_i,v_{i+k})$，以及 v_i 与新峰值 v 之间的罗盘读数 $c(v_i,v)$ 的序列相似性 $sim(c(v_i,v_{i+k}),c(v_i,v))$。如果 $sim(c(v_i,v_{i+k}),c(v_i,v))=\max\{1\leqslant l\leqslant k\}\{sim(c(v_i,v_{i+l}),c(v_i,v))\}$，则令 $v=v_{i+j}$。

同时，用户还可以根据更新后的顶点和移动设备上的导航地图来判断下一步的方向。这种双重检查策略极大降低了用户偏离路径的可能性，实际上在后续的实验中也证实了这一点。

3.4 系 统 评 估

本节将介绍对 PILOT 关键部分的性能评估。为了更好地检验 PILOT 项目的有效性，在典型室内环境下评估 PILOT 的性能，如图 3.4.1 所示。

（a）超市　　　　　（b）大型购物中心　　　　　（c）办公楼

图 3.4.1　PILOT 室内应用场景

3.4.1　实施过程

PILOT 系统基于安卓平台开发。光传感器、陀螺仪和罗盘的扫描频率设置为 50 Hz，在图形用户界面（graphical user interface，GUI）中为用户显示可视化导航提示。在用户行走过程中，PILOT 实时跟踪当前位置，更新其在虚拟图中的当前顶点，并显示何时何地改变行走模式的提示说明（例如，左/右转弯的标志是←/→，通过电梯/自动扶梯/楼梯上楼/下楼的标记为↑/↓）。

三种典型场景：①一层超市，测试面积为 1 000 m²，照明灯高约 7 m，相邻照明灯之间距离为 3 m；②六层大型购物中心，测试面积为 20 000 m²，照明灯高约 4 m，相邻照明灯之间距离为 2 m；③四层办公楼，测试面积为 800 m²，照明灯高约 3.5 m，相邻照明灯之间距离为 3.6 m。

具体过程为：4 名参与者参与实验，他们手持不同移动设备（华为 Mate 8、华为 P9、三星 Galaxy S5 和 Google Nexus 9），在室内空间的主要走廊上自由走动并收集感知数据，进而生成用于后续构建高覆盖率虚拟图的行人路径。

3.4.2　性能评估

1. 峰值检测精度

表 3.4.1 给出了三种应用场景下的峰值检测精度。值得注意的是，有些峰值是与真实光源对应的，这种峰值称为真阳性，有些峰值是受干扰或在转弯顶处产生的，这种峰值称为假阳性。此外，由于一些光源靠得比较近，一些检测到的峰值被当作噪声而未被识别出来，称为假阴性（false negative）。实验发现，PILOT 可以准确地检测办公楼和超市的峰值强度，因为其相邻光源间距更远，光源有足够的高度，可以消除附近光源的干扰，而 PILOT 在大型购物中心的检测精度为 98.3%。这些结果说明了峰值检测方法能有效识别峰值，即对应的每个光源都能被准确识别出来。

表 3.4.1　峰值检测精度

应用场景	光源数量	真阳性	假阳性	假阴性	检测精度
超市	125	125	0	0	100%
大型购物中心	2 448	2 406	12	32	98.3%
办公楼	80	80	0	0	100%

2. 重叠部分检测精度

图 3.4.2 从两条行人路径间公共边的数量角度，描述了重叠部分检测精度与重叠部分长度之间的关系。我们发现，当两条路径的公共边较少（即重叠部分的长度较小）时，

检测精度非常低，但检测精度会随着重叠部分长度的增加而显著提高。当有 9 条及以上的公共边时，检测精度达到 90% 以上。我们认为主要原因是照明布局通常因走廊而异，因此罗盘读数几乎相同的走道对应分支上的顶点数量很可能与其他走廊不同，同时我们还采用罗盘读数序列来测量路径相似性以进一步验证。

3. PILOT 节省时间

为了展示 PILOT 在节省导航时间方面的优势，实验中在转弯顶点处手动部署一些地标来指导用户的下一步行动，并计算 PILOT 导航时间和基于地标的导航系统的时间之差。图 3.4.3 为节省时间的累积分布函数，从图中可以发现，在虚拟图的帮助下，由于掌握了导航路径的全局信息，用户极大地节省了到达目的地的步行时间，因为用户不一定需要停下来查看他们是否会到达目的地。在所调查的三种场景中，大型购物中心节省的时间最长，因为其室内结构最为复杂，所以用户通过基于地标的导航系统找到目的地更加困难。

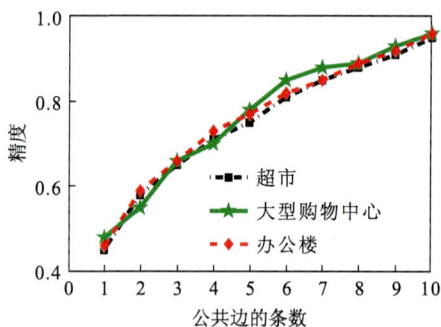

图 3.4.2　重叠部分检测精度

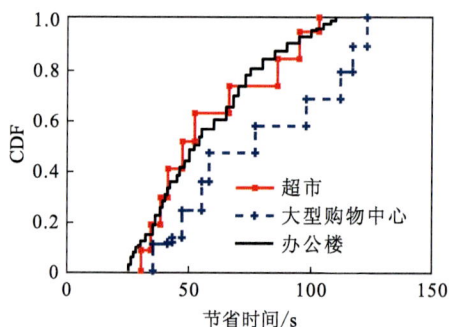

图 3.4.3　节省的时间

4. 用户锁定延迟

图 3.4.4 描述了用户沿当前走廊直行时用户锁定（即确定用户在虚拟图上的哪个顶点）延迟的累积分布函数。由图可知，如果一个用户在锁定过程中转弯，他实际上可以被 PILOT 更快地定位。如果不考虑上传感知数据的时间（这很大程度上取决于网络条件而不是系统本身），大约 50% 的用户在 5 s 内会被定位到最近的顶点，这是因为他们必须走一段时间后才能生成用于锁定的行人路径，大约 15% 的用户可以在 3 s 内实现位置锁定，这表明 PILOT 系统是可以提供实时导航服务的。

5. 偏离检测延迟

导航系统的一个重要功能是及时为用户提供路径偏离警报（用户偏航时）。在跟踪导航用户过程中，当用户偏离给定的导航路径时，例如，错过转弯、没有上/下楼，或者转错了弯、走错了楼层，PILOT 将及时发送警报。由于导航路径由顶点/峰值之间的有向边组成，根据导航用户上传的罗盘读数，PILOT 可以很容易地根据 DTW 匹配结果检测到这种偏离，并提醒用户返回导航路径。图 3.4.5 给出了导航过程中偏离检测的延迟情

况，可以发现在超市、大型购物中心和办公楼三种场景下，PILOT 都可以在 5 s 内检测
到用户的偏离行为。

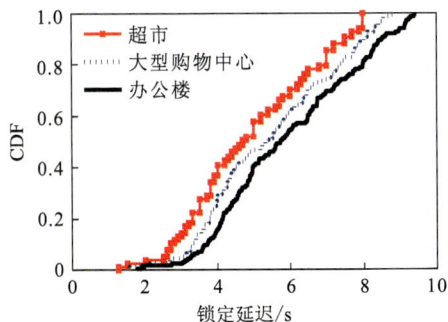

图 3.4.4　用户位置锁定延迟

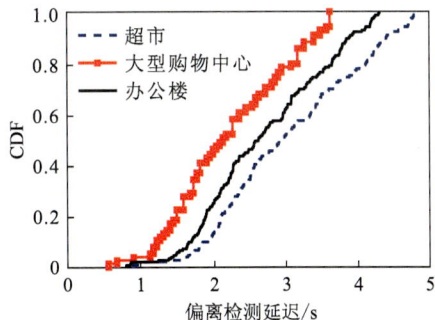

图 3.4.5　偏离检测延迟

6. 导航提示的提前时间

图 3.4.6 给出了三种应用场景下导航提示的提前时间（即用户需要改变行走模式前
多长时间给出提示）。由于 PILOT 实时跟踪导航进度，当关于行走方向或楼层改变的提
示发出时，PILOT 记录发出提示的时间和检测到转弯动作或楼层改变后的时间，并通过
计算两个时间点的差值来得到导航提示在检查点（即在虚拟图和导航路径上手动标记出
的转弯边的顶点）的提前时间。在超市场景中，改变行为的提示可以在到达转弯顶点前
10 s 内发出，而在大型购物中心和办公楼场景中，提前时间要早得多。事实上，有了加
权有向图的帮助，当 PILOT 检测到一个转弯时，它可以快速计算出下一次转弯或到达目
的地的步行时间。

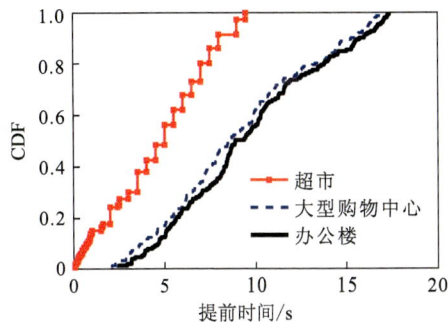

图 3.4.6　导航提示的提前时间分布结果图

7. 能量消耗

为表明 PILOT 系统功耗小，实验让一个参与者作为先行者生成一条行人路径，而导
航用户（即追随者）则将这条路径作为导航的参考路径，同基于先行者-追随者的导航系
统一样[6-7]。重复这样的实验 20 次，并将 PILOT 和 FOLLOWME[6]进行比较，因为与其

他导航系统（如 iMoon[11]，Travi-Navi[7]）使用 Wi-Fi 和摄像头等高耗电传感器不同，PILOT 和 FOLLOWME 只采用节能传感器，而且 FOLLOWME 比 Travi-Navi 耗能更少[6]。为了进行公平比较，假设导航路径与行人/参考路径具有相同的起始顶点和目的地，即假定起始顶点是已知的。使用华为 Mate8 中的内置软件 Device HwSystemManager 来计算 PILOT 和 FOLLOWME 的功耗。在实验期间，所有其他 App 和额外的硬件组件（例如 Wi-Fi、GPS 等）均已关闭。

　　PILOT 和 FOLLOWME 关于路径生成和导航功能的持续时间与功耗之间的关系如图 3.4.7 和图 3.4.8 所示。图 3.4.7 对比了 FOLLOWME 和 PILOT 在行人路径生成过程中的功耗，由图可知，FOLLOWME 和 PILOT 的功耗曲线均随持续时间呈线性，而 FOLLOWME 曲线的斜率较大。同时还观察到，PILOT 比 FOLLOWME 节能近 50%。图 3.4.8 展示了导航过程中的功耗对比情况。由于 PILOT 在导航时只使用光传感器、气压计和陀螺仪，不涉及复杂的计算，而 FOLLOWME 需要对测得的地磁场序列应用 DTW 方法进行匹配，实验中发现 PILOT 效率更高（特别是当导航时间变长时），这是因为 DTW 的计算成本更高。

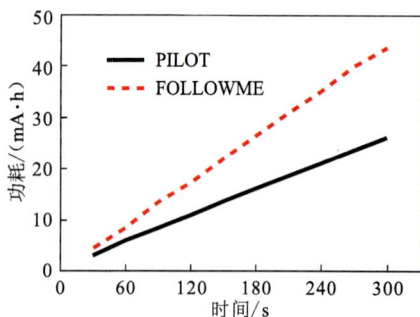

图 3.4.7　生成路径的功耗　　　　　　　图 3.4.8　导航过程功耗

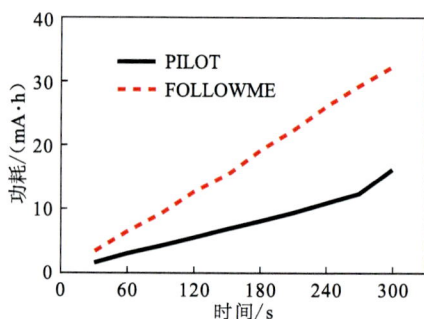

3.5　文献梳理

　　近年来，由于基于位置服务的需求增长且具有多种内置传感器的智能手机普及，室内导航技术得到了广泛的关注和积极的研究开发。关于室内导航方面的文献，大致可分为基于室内平面图的室内导航和基于先行者-追随者的室内导航两大类。

3.5.1　基于室内平面图的室内导航

　　许多室内导航系统都是基于给定的室内平面图，并应用定位技术来为用户提供导航服务。近年来，一些关于室内定位的研究已经被提出。其中，基于 Wi-Fi 指纹识别的方法可能是最流行的一种[34-40]，它依赖 Wi-Fi AP 或 GSM 塔等基础设施的可用性，需要耗时的信号强度校准/现场调查过程来建立射频地图。近年来，智能手机上的惯性测量单元传感器已经被用来实现无基础设施的室内定位[9, 13, 41]，其中包括步数计数、步幅强度估计等功能。然而，基于纯 IMU 感知的方法会出现累积误差，通常需要利用地标[42]或信标[26]来定期校正绝对位置，以确保长期操作和应对意外行为。地磁场也被用于室内定位，这是因为它具有全局可用性和稳定性[12, 14-15]，但定位精度相对较低。

相对新的解决方案是利用可见光来实现室内定位，利用 LED 灯能够快速闪灭的特性，通过调制 LED 灯并修改 COTS 移动设备（或在 COTS 移动设备上安装一个特殊设备），可以达到较高的定位精度[16-21]。然而，对调制 LED 灯频率的要求和对 COTS 移动设备修改的高昂成本在现实中令人望而却步。最近，传统的白炽灯/荧光灯也被用于室内定位[19, 28]，无须调制灯或对设备进行修改。但是，它们要求预先提供室内平面图和/或光源布局图，同时只能实现房间级别大尺寸的定位精度。

Zhu 和 Zhang[24]提出了一种室内定位系统 iLamp，该定位系统利用了每盏灯都隐藏着人眼无法察觉的视觉特征，但这种特征可以通过处理灯的图像来提取。iLamp 的明显缺点是其需要能耗较大的摄像头，同时也引起了人们对隐私泄露的担忧。NaviLight[23]将任何未修饰光源的多光强向量作为位置指纹，然而许多因素会影响光强的绝对值，例如室温、起始时间、器件与光源的距离（和相对角度）、器件多样性等。Shao 等[25]提出了一种基于反射器的可见光定位系统 RETRO，它可以达到厘米级的定位精度。在 RETRO 中，一个名为反光镜的轻质小型设备被安装在每个无源物联网设备上，这样光就可以反射到光源上，液晶快门也被安装在物联网设备上，以确保标记的唯一性。此外，多个光电二极管（photodiode）也被安装在灯上，以建立从反向反射器到灯的低延迟反向通道。

3.5.2　基于先行者-追随者的室内导航

考虑到室内平面图难以获得，一些学者提出了不依赖于室内平面图的室内导航系统[6-7, 26, 29]。Travi-Navi[7]是一种视觉引导的导航系统，用户可以轻松地获取室内导航服务，而无需定位系统或楼层图。Travi-Navi 使用了一个先行者-追随者模型：在先行者行走期间，Travi-Navi 记录其路径图像，并将采集的 Wi-Fi 指纹和 IMU 传感器等信息集成到一条参考路径中。随后，用户下载参考路径，并通过比较用户当前的传感器读数和参考路径，实现从相同起始位置到相同目标位置的导航。FOLLOWME[6]也是利用先行者-追随者模式来解决室内和半室外环境中的"最后一公里"导航问题；它仅利用了先行者的感知数据和他的行走模式来生成参考轨迹。Escort[26]借助人们大量的碰面信息来引导用户到达他们的朋友附近。然而，由于它依赖于预先部署的音频信标来纠正加速度计和罗盘传感器中的噪声造成的航位推算漂移，从而在实际部署时性能不佳，应用场景受限。Riehle 等[29]开发了一种磁性导航系统来为盲人提供导航服务，其中使用了定制的无线 IMU 来收集磁性信息。

3.6 结 论

近年来，由于移动智能设备普及，可以通过其内置传感器方便地收集环境信息，目前已经开发出了许多基于移动智能设备的室内导航系统。然而，这些系统需要花费高昂的成本收集室内平面图或依赖复杂的室内定位系统。本章利用典型室内环境中无处不在的可见光源，提出了一种成功打破上述限制的新型导航系统 PILOT，并且在安卓平台上实现了 PILOT 原型系统，同时在典型的室内环境中进行了大量实验，实验结果验证了 PILOT 的有效性和效率。

参 考 文 献

[1] JUNGLAS I A, WATSON R T. Location-based services[J]. Communications of the ACM, 2008, 51(3): 65-69.

[2] JOVICIC A, LI J Y, RICHARDSON T. Visible light communication: opportunities, challenges and the path to market[J]. IEEE Communications Magazine, 2013, 51(12): 26-32.

[3] CHEN X, GONG X W, YANG L, et al. Amazon in the white space: social recommendation aided distributed spectrum access[J]. IEEE/ACM Transactions on Networking, 2017, 25(1): 536-549.

[4] YU Z W, XU H, YANG Z, et al. Personalized travel package with multi-point-of-interest recommendation based on crowdsourced user footprints[J]. IEEE Transactions on Human-Machine Systems, 2016, 46(1): 151-158.

[5] SHU T, CHEN Y Y, YANG J. Protecting multi-lateral localization privacy in pervasive environments[J]. IEEE/ACM Transactions on Networking, 2015, 23(5): 1688-1701.

[6] SHU Y C, SHIN K G, HE T, et al. Last-mile navigation using smartphones[C]//MobiCom'15: Proceedings of the 21st Annual International Conference on Mobile Computing and Networking, September 7-11, Paris, France. New York: ACM, 2015: 512-524.

[7] ZHENG Y, et al. Travi-Navi: Self-deployable indoor navigation system[J]. IEEE/ACM Transactions on Networking, 2014, 25(5): 2655-2669.

[8] GAO R P, ZHAO M M, YE T, et al. Jigsaw: indoor floor plan reconstruction via mobile crowdsensing[C]// MobiCom'14: Proceedings of the 20th Annual International Conference on Mobile Computing and Networking, MOBICOM, September 7-1, 2014, Maui, Hawaii, USA. New York: ACM, 2014: 249-260.

[9] RAI A, CHINTALAPUDI K K, PADMANABHAN V N, et al. Zee: zero-effort crowdsourcing for indoor localization[C]// MobiCom'12: Proceedings of the 18th Annual International Conference on Mobile Computing and Networking, August 22-26, 2012, Istanbul, Turkey. New York: ACM, 2012: 293-304.

[10] SHEN G, CHEN Z, ZHANG P, et al. Walkie-Markie：Indoor pathway mapping made easy[C]//NSDI'13: Proceedings of the 10th USENIX Conference on Networked Systems Design and Implementation, April

2-5, 2013, Lombard. Berkeley: USENIX Association, New York: ACM, 2013: 85-98.

[11] DONG J, XIAO Y, NOREIKIS M, et al. iMoon: using smartphones for image-based indoor navigation[C]//SenSys'15: Proceedings of the 13th ACM Conference on Embedded Networked Sensor Systems, November 1-4, 2015, Seoul, South Korea. New York: ACM, 2015: 85-97.

[12] CHUNG J, DONAHOE M, SCHMANDT C, et al. Indoor location sensing using geo-magnetism[C]// MobiSys'11: Proceedings of the 9th International Conference on Mobile Systems, Applications, and Services, June 28-July 1, 2011, Bethesda, Maryland, USA. New York: ACM, 2011: 141-154.

[13] LI F, ZHAO C S, DING G Z, et al. A reliable and accurate indoor localization method using phone inertial sensors[C]//UbiComp'12: Proceedings of the 2012 ACM Conference on Ubiquitous Computing, September 5-8, 2012, Pittsburgh, Pennsylvania, USA. New York: ACM, 2012: 421-430.

[14] LI B H, GALLAGHER T, DEMPSTER A G, et al. How feasible is the use of magnetic field alone for indoor positioning? [C]//2012 International Conference on Indoor Positioning and Indoor Navigation (IPIN), November13-15, 2012, Sydney, NSW, Australia. New York: IEEE, 2012: 1-9.

[15] XIE H, GU T, TAO X, et al. MaLoc: A practical magnetic fingerprinting approach to indoor localization using smartphones[C]//UbiComp'14: Proceedings of the 2014 ACM International Joint Conference on Pervasive and Ubiquitous Computing, September 13-17, 2014, Seattle, WA, USA. New York: ACM, 2014: 243-253.

[16] HU P, LI L Q, PENG C Y, et al. Pharos: enable physical analytics through visible light based indoor localization[C]//HotNets-XII: Proceedings of the 12th ACM Workshop on Hot Topics in Networks, November 21-22, 2013, University of Maryland, College Park Maryland, USA. New York: ACM, 2013: 1-7.

[17] LI L Q, HU P, PENG C Y, et al. Epsilon: a visible light based positioning system[C]//NSDI'14: Proceedings of the 11th USENIX Conference on Networked Systems Design and Implementation, April 2-4, 2014, Seattle, WA, USA. New York: ACM, 2014: 331-343.

[18] KUO Y S, PANNUTO P, HSIAO K J, et al. Luxapose: indoor positioning with mobile phones and visible light[C]//MobiCom'14: Proceedings of the 20th Annual International Conference on Mobile Computing and Networking. September 7-11, 2014, Maui, Hawaii, USA. New York: ACM, 2014: 447-458.

[19] XU Q, ZHENG R, HRANILOVIC S. IDyLL: indoor localization using inertial and light sensors on smartphones[C]//UbiComp'15: Proceedings of the 2015 ACM International Joint Conference on Pervasive and Ubiquitous Computing, September 7-11, 2015, Osaka, Japan. New York: ACM, 2015: 307-318.

[20] YANG Z C, WANG Z Y, ZHANG J S, et al. Wearables can afford: light-weight indoor positioning with visible light[C]//MobiSys'15: Proceedings of the 13th Annual International Conference on Mobile Systems, Applications, and Services, May 18-22, 2015, Florence, Italy. New York: ACM, 2015: 317-330.

[21] XIE B, TAN G, HE T. SpinLight: a high accuracy and robust light positioning system for indoor

applications[C]// SenSys'15: Proceedings of the 13th ACM Conference on Embedded Networked Sensor Systems, November 1-4, 2015, Seoul, South Korea. New York: ACM, 2015: 211-223.

[22] ZHANG C, ZHANG X Y. LiTell: indoor localization using unmodified light fixtures: demo[C]// MobiCom'16: Proceedings of the 22nd Annual International Conference on Mobile Computing and Networking, October 3-7, 2016, New York, USA. New York: ACM, 2016: 481-482.

[23] ZHAO Z H, WANG J K, ZHAO X Y, et al. NaviLight: indoor localization and navigation under arbitrary lights[C]// IEEE INFOCOM 2017-IEEE Conference on Computer Communications.May 1-4, 2017, Atlanta, GA, USA. New York: IEEE, 2017: 1-9.

[24] ZHU S L, ZHANG X Y. Enabling high-precision visible light localization in today's buildings[C]// MobiSys'17: Proceedings of the 15th Annual International Conference on Mobile Systems, Applications, and Services, June 19-23, 2017, Niagara Falls, New York, USA. New York: ACM, 2017: 96-108.

[25] SHAO S H, KHREISHAH A, KHALIL I. RETRO: retroreflector based visible light indoor localization for real-time tracking of IoT devices[C]// IEEE INFOCOM 2018-IEEE Conference on Computer Communications, April 16-19, 2018, Honolulu, HI, USA. New York: IEEE, 2018: 1025-1033.

[26] CONSTANDACHE L, BAO X, AZIZYAN M, et al. Did you see Bob? : human localization using mobile phones[C]// MobiCom'10: Proceedings of the 16th Annual International Conference on Mobile Computing and Networking, September 20-24, 2010, Chicago, Illinois, USA. New York: ACM, 2010: 149-160.

[27] ALENCASTRE-MIRANDA M, MUNOZ-GOMEZ L, MURRIETA-CID R, et al. Local reference frames vs. global reference frame for mobile robot localization and path planning[C]//2006 5th Mexican International Conference on Artificial Intelligence, November 13-17, 2006, Mexico City, Mexico. New York: IEEE, 2006: 309-318.

[28] JIMÉNEZ A R, ZAMPELLA F, SECO F. Light-matching: a new signal of opportunity for pedestrian indoor navigation[C]// International Conference on Indoor Positioning and Indoor Navigation, October 28-31, 2013, Montbéliard, France. New York: IEEE, 2013: 1-10.

[29] RIEHLE T H, ANDERSON S M, LICHTER P A, et al. Indoor magnetic navigation for the blind[C]// 2012 Annual International Conference of the IEEE Engineering in Medicine and Biology Society, August 28-September 1, 2012, San Diego, CA, USA. New York: IEEE, 2012: 1972-1975.

[30] PARK J G, CURTIS D, TELLER S, et al. Implications of device diversity for organic localization[C]// 2011 Proceedings IEEE INFOCOM, April 10-15 2011, Shanghai, China. New York: IEEE, 2011: 3182-3190.

[31] SHU Y C, HUANG Y H, ZHANG J Q, et al. Gradient-based fingerprinting for indoor localization and tracking[J]. IEEE Transactions on Industrial Electronics, 2016, 63(4): 2424-2433.

[32] SALVADOR S, CHAN P. Toward accurate dynamic time warping in linear time and space[J]. Intelligent Data Analysis, 2007, 11(5): 561-580.

[33] CONSTANDACHE I, CHOUDHURY R R, RHEE I. Towards mobile phone localization without war-driving[C]// 2010 Proceedings IEEE INFOCOM, March 14-19, 2010, San Diego, CA, USA. New

York: IEEE, 2010: 1-9.

[34] CHINTALAPUDI K, PADMANABHA IYER A, PADMANABHAN V N. Indoor localization without the pain[C]//MobiCom'10: Proceedings of the 16th Annual International Conference on Mobile Computing and Networking, September 20-24, 2010, Chicago, Illinois, USA. New York: ACM, 2010: 173-184.

[35] WEN Y T, TIAN X H, WANG X B, et al. Fundamental limits of RSS fingerprinting based indoor localization[C]//2015 IEEE Conference on Computer Communications (INFOCOM), April 26-May 1, 2015, Hong Kong, China. New York: IEEE, 2015: 2479-2487.

[36] XU Q, GERBER A, MAO Z M, et al. AccuLoc: practical localization of performance measurements in 3G networks[C]//MobiSys'11: Proceedings of the 9th International Conference on Mobile Systems, Applications, and Services. June 28-July 1, 2011, Bethesda, Maryland, USA. New York: ACM, 2011: 183-196.

[37] YANG Z, WU C S, LIU Y H. Locating in fingerprint space: wireless indoor localization with little human intervention[C]//MobiCom'12: Proceedings of the 18th Annual International Conference on Mobile Computing and Networking, August 22-26, 2012, Istanbul, Turkey. New York: ACM, 2012: 269-280.

[38] CHEN Y, LYMBEROPOULOS D, LIU J, et al. FM-based indoor localization[C]//MobiSys'12: Proceedings of the 10th International Conference on Mobile Systems, Applications, and Services, June 25-29, 2012, Low Wood Bay, Lake District, UK. New York: ACM, 2012: 169-182.

[39] XIONG J, JAMIESON K. ArrayTrack: a fine-grained indoor location system[C]//NSDI'13: Proceedings of the 10th USENIX Conference on Networked Systems Design and Implementation, April 2-5, 2013, CA, USA. New York: ACM, 2013: 71-84.

[40] ZHOU P F, LI M, SHEN G B. Use it free: instantly knowing your phone attitude[C]//MobiCom'14: Proceedings of the 20th Annual International Conference on Mobile Computing and Networking, September 7-11, 2014, Maui, Hawaii, USA. New York: ACM, 2014: 605-616.

[41] HARLE R. A survey of indoor inertial positioning systems for pedestrians[J]. IEEE Communications Surveys & Tutorials, 2013, 15(3): 1281-1293.

[42] WANG H, SEN S, ELGOHARY A, et al. No need to war-drive: unsupervised indoor localization[C]// MobiSys'12: Proceedings of the 10th International Conference on Mobile Systems, Applications, and Services, June 25-29, 2012, Low Wood Bay, Lake District, UK. New York: ACM, 2012: 197-210.

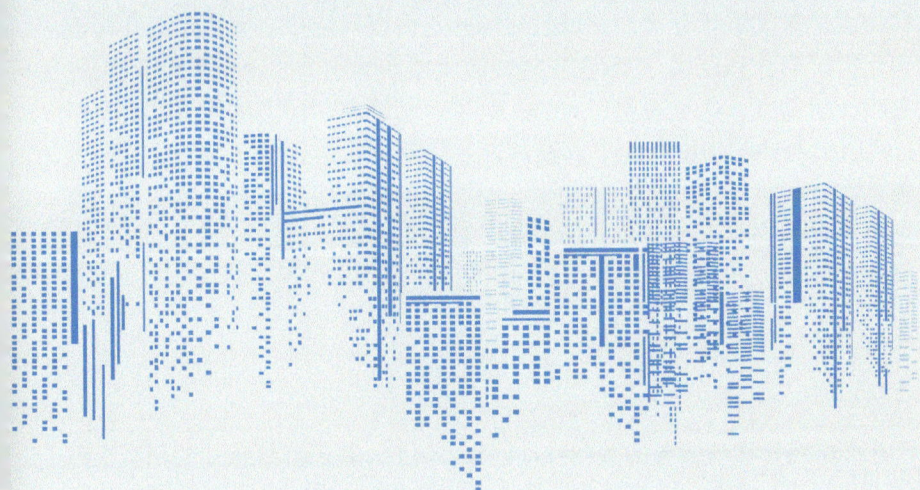

第 *4* 章　基于机器学习的

Wi-Fi 距离估计与应用

在前面的章节中，介绍了利用 Wi-Fi 等多种信号来计算不同用户或移动设备之间的距离。本章将介绍一种基于机器学习的 Wi-Fi 距离估计方法，并讨论其在群组分析中的应用，进而设计了一个基于 Wi-Fi 距离的群组识别系统 WiDE（本书提出的算法名称）。根据用户上传的 Wi-Fi 信息，WiDE 可以自动从所提出的特征中学习到强大的隐藏特征，将其应用于用户间的距离估计，并根据估计出的距离推断出群组的隶属关系。对于每一群组，WiDE 按移动水平对其进行分类，并通过对同一组内成对用户之间的距离矩阵应用多维标度法来识别群组形状和结构。并且在三层校园大楼和购物中心进行了大量实验，验证了用户间距离估计的精度。结果表明，WiDE 的用户间距离估计方法优于其他基于机器学习的方法，校园大楼和购物中心的平均绝对误差分别为 0.69 m 和 1.14 m，校园大楼的走廊识别准确率在 99% 以上。此外，购物中心的实验结果表明，该方法能够准确检测群组，按移动水平将群组划分为更细粒度的层次，并识别群组结构。

4.1　概　　述

实时群组分析是群组感知移动服务的关键推动因素，例如，基于群组感知的精准推荐或推广（如"买 A 送 B"），或商场资源规划，安全监控和出租车调度[1]，宏蜂窝基站建设[2]，社会关系推断[3]，也可用于室内定位与导航所需的地图构建[4-5]，从而有助于紧急疏散或线上线下购物的导航服务[6-7]。通常，群组分析中存在三个不同但相关的问题：①群组检测，它决定在室内环境中行走的个体是否形成群组；②移动水平分类，它基于群组的移动速度，有助于群组活动理解；③群组结构或形状识别，它可推断成员的社会关系。

据悉，以往关于群组分析的研究并不能解决以上这些问题，而且大多数研究只关注使用用户间邻近关系[8-9]、交互[10-11]、轨迹[2, 12-14]，活动[15-17]或 Wi-Fi 探测器[18-19]来进行群组检测。例如，GruMon[1]从空间、运动、转弯和楼层水平等方面探索特征，以计算个体之间的相互关系，并通过基于 SVM（support vector machine，支持向量机）的二值分类器预测群组的隶属度。Grace[8]应用所构建的蓝牙信号强度概率分布来估计邻近度，并据此对群组概率分布进行建模。关于移动水平分类和结构识别的工作较少。例如 Du 等[20]提出将群组移动水平分为静止、散步、步行、跑步等 4 种不同的类型，并借助麦克风感知的信息来计算群组结构。然而，上述群组分析方法也存在一些缺点。例如，基于轨迹的方法在收集长数据流方面的延迟很高，而基于邻近关系的方法要求蓝牙总是可发现的[21]。此外，蓝牙或麦克风的使用可能会引起人们对隐私和安全问题的担忧。

本章旨在研究群组分析存在的三个问题，这其中的首要任务是群组检测。实验发现，当群组成员沿着室内空间的走廊移动时，往往会维持一个稳定和相近的距离（例如，不大于 1.5 m），并且群组成员之间的 Wi-Fi RSS 值的差异保持相对稳定[22]。所以本章的主要目的是提出一种利用 Wi-Fi 信号精确估计用户间距离（称为 Wi-Fi 距离）的群组检测方法，以便于群组移动水平分类和群组结构识别。

已有研究表明，通过使用 Wi-Fi 信号[23-24]、声学信号[25]或蓝牙数据[22, 26-27]，可以估计各移动设备用户之间的物理接近度。然而，现有的这类方法对于群组检测、移动水平分类或结构识别通常是不可行的，因为它们只关心两个用户是否接近（如数值是否小于一个阈值）[24]，而不是准确识别用户之间的距离，或者受制于低精度[23]。精度不足的根本原因是人工选择的特征关系并不是用户间 Wi-Fi 相似性的较好表达，因此不适合作为精确估计用户间距离的指标。具体来说，文献中使用的许多输入特征，例如皮尔逊相关系数、斯皮尔曼等级相关系数和杰卡德相似系数，确实与用户间的距离相关。然而，这些指标通常是相互关联的，因此这些特征只能提供很少的边际信息。换言之，给定其他特征，输入特征的偏相关性和用户之间的距离可能不显著。因此，这些特征不能有效应对不稳定的 Wi-Fi 信号，从而导致测量精度不足。

综上，本章我们让计算机从 Wi-Fi 信号的原始特征集中自动学习到更强大的隐藏特征，从而使学习到的成对特征具有不显著的偏相关系数。我们并没有利用接收到的 Wi-Fi 信号强度来衡量用户之间的 Wi-Fi 相似性，而是基于信号强度的秩的大小来进行相似度估计。这是因为 Wi-Fi 信号强度会受到设备多样性和设备朝向等多种因素的影响而动态多变。实验发现：①两个较近的用户可能检测到相同的 Wi-Fi AP；②来自相同 Wi-Fi AP 的 RSS 秩也具有可比性（即它们的排名差异很小）；③较近的用户之间有更小的秩差（来自共同的 Wi-Fi AP）。将这些秩差作为输入特征，计算机可以学习到更强大的用户间距离的特征表示。为此，基于所提出的 Wi-Fi 信号的原始特征，使用快速和准确的机器学习框架 LightGBM，提出了 WiDE 这样一个基于 Wi-Fi 距离估计的群组分析系统。WiDE 首先根据 LightGBM 所训练的模型来估计用户之间的 Wi-Fi 距离，然后通过计算单个用户轨迹的一系列 Wi-Fi 距离来推断群组成员身份。根据群组检测结果，通过计算每一组的步行速度，将组的移动水平分为 4 个细粒度水平（即静止、散步、步行和跑步），最后应用经典多维标度法[28]技术来计算群组成员的相对坐标系，并识别群组结构（即左右位置、前后位置或一般位置）。

为了验证 WiDE 系统在估计用户间距离方面的性能，分别使用构建的特征集（称为特征集 2），在三层校园大楼和购物中心进行了广泛的实验。对比实验中，还使用了另一个特征集（称为特征集 1），并结合特征集 1 和特征集 2，形成了一个新的特征集用于模型训练。有趣的是，实验发现在 AAE（average absolute error，平均绝对误差）和 ARE（average relative error，平均相对误差）方面，使用特征集 2 的结果比使用特征集 1 要好得多，也略优于使用特征集 1 和特征集 2 的组合。另外，研究发现，与 XGBoost、深度神经网络（deep neural network，DNN）等其他技术相比，使用 LightGBM 进行用户间距离估计可以得到更准确的结果。同时我们还基于用户间 Wi-Fi RSS 值的秩差，提出了一个新的特征集（称为特征集 3）；通过综合使用特征集 1 和特征集 3，该算法可以推广到任何场景。此外，通过在购物中心进行的广泛实验，来研究 WiDE 在群组检测、移动水平分类和群组结构识别方面的贡献。

总地来说，该方案做出了以下贡献。

（1）从原始特征中自动学习隐藏特征，作为用户间距离的强大表征，进而使用 LightGBM 算法估计出用户间距离。另外还提出了一些新的特征，以将所提出的方法推广到任何场景。

（2）在校园环境中的实验结果表明，WiDE 系统可以利用特征集 1、特征集 2 及其组合分别计算用户间距离，平均误差分别为 1.99 m、0.69 m 和 0.79 m，这表明在使用机器学习技术时，手动选择特征来推算用户间距离不是一个很好的选择。另外，将其他学习技术（例如 XGBoost、随机森林、SVM 和深度神经网络）与 LightGBM 进行比较，结果表明 LightGBM 在准确性和训练速度方面优于其他技术。

（3）开发了一种基于 Wi-Fi 距离的群组分析方案，用于群组检测、移动水平分类和结构识别，并通过在购物中心的实验来验证 WiDE 的有效性。

4.2 接近度估计与群组分析研究

在本节中将介绍一些现有的研究工作。它们可分为两个不同但相关的类别：人与人之间的接近度估计和群组分析（包括群组检测和行为识别）。

4.2.1 人与人之间的接近度估计

这一领域的研究工作主要基于蓝牙、音频信号或 Wi-Fi 信号来完成，下面将分别展开介绍。

1. 基于蓝牙的方法

名为 Virtual Compass[29]的工作基于对等的相对位置系统，利用多个短程无线电（例如蓝牙）进行附近设备检测，并得到表示附近用户之间相对关系的邻居图。也有研究将蓝牙设备部署在办公场所，以方便识别在社交场所活跃的用户[30]。然而，使用蓝牙进行相互检测通常会出现高假阴性结果。

2. 基于音频信号的方法

Escort[31]利用一些信标进行相遇检测。当用户无意中"听到"一些振幅大于阈值的音频音调时，系统将报告一次相遇，并登记两个人相遇的位置。Zhang 等[25]借助智能手机上的扬声器、麦克风和加速度计等传感器，并利用来自智能手机的音频信号的多普勒效应来有效地识别轨迹，进而判断两个用户是否相遇或有对话。

3. 基于 Wi-Fi 信号的方法

一些研究人员还利用普遍存在的 Wi-Fi AP 来估计用户间的距离。例如，NearMe[23]利用杰卡德相似系数、皮尔逊相关系数等，寻找两个用户的距离与 Wi-Fi 相似性之间的关系。但此时估计误差较大，不适用于群组检测。基于随机森林分类模型的方法[25]，使用了更多特征，例如 AP 存在性、流行度、位置等，来估计用户之间的接近度，但它并不能直接输出用户之间的实际距离。

4.2.2　群组检测和行为识别

群组分析一直是计算机视觉领域的热门话题[32-34]，这里我们只简要介绍使用无线社区移动设备的群组检测和群组行为识别的研究。

1. 群组检测

排队感知[9]是一种使用手机协作识别排队行为的系统，根据提取的队列特征和计算不同线路的差异，将人们划分为不同队列。Grace[35]利用蓝牙信号强度进行群组识别，其中群组成员可以进行面对面交互。也有研究利用来自各种移动设备的 Wi-Fi 信号和移动相似性来提取用于队列检测的有用特征[36]。GruMon[1]使用智能手机传感器和 Wi-Fi 信号进行快速、准确的群组监控，这有可能促进基于群组信息的推广和商场资源规划。Kjærgaard 等[37]通过对滞后序列 Wi-Fi 信号的相似性特征运用机器学习技术，提出了两种行人运动模式，即个人跟踪模式和群组领导模式，并结合跟随模式和有向图来进行图链接分析以便检测群组领导关系。Kjærgaard 等[12]提出了一种通过充分利用移动传感器来检测群组的方法。但是，这些方法要么需要准确的用户间距离信息[9, 35]或行人的位置[37]，要么会因涉及转弯和水平变化信息[1]而产生很大的延迟，这对于实际的室内场景可能是不现实的。

Snow[14]利用 RSS、RSS 趋势、AP 显著性（表明组成员是否可能分离），以及群组检测的时间约束条件等特征来探讨 Wi-Fi 相似性。社交探测器[18]基于被动监控的 Wi-Fi 探测请求和来自智能手机的空数据帧，通过分析 Wi-Fi RSSI（received singnal strength indicator，接收信号强度指示）的时空相关性，发现了社交行为和交互模式。基于行为的群组检测方法 BaG[19]将用户的移动信息和智能手机的使用行为相融合，提出利用突发个数这个可以适应环境变化的特征进行群组检测。

2. 群组行为识别

也有一些关于群组行为识别的研究。例如，CoenoFire[38]是一个基于智能手机的传感系统，通过智能手机的传感系统、加速度计、陀螺仪等传感器，实时监测消防任务中的任务执行时间效率，以及团队协作和努力程度。Feese 等[39]利用智能手机内置的一个低功率的通信无线电协议，来测量消防员的接近程度，并通过聚类接近程度数据来跟踪移动子组。Du 等[20]利用加速度计、磁强计、麦克风和 Wi-Fi 的传感数据来检测 4 种不同类别的群组移动水平，并计算出细粒度的群组结构。然而，麦克风的使用可能存在隐私泄露的风险，且群组检测也可能对传感数据序列的对齐产生较大的延迟。

4.3 用户间距离估计

本节将介绍基于收集到的 Wi-Fi 信号来估计用户间距离的 WiDE 系统的设计。简单起见，本节只关注在同一楼层行走用户的距离估计问题。首先考虑成对用户在同一走廊上行走的简单情况，通过训练后的分类模型可以检测到每个用户的走廊标记。对于不同走廊上的两个用户，可以合并其他用户的信息，例如在从一个用户到另一个用户的路上的一个靠近角落/十字路口的用户。接下来介绍模型训练的输入特征和数据收集方案，然后介绍 LightGBM 和 XGBoost 的一些基础知识，并利用基于 LightGBM 学习框架的 WiDE 进行用户间距离估计。移动水平分类和群组结构识别的应用在 4.4 节进行介绍。

4.3.1 输入特征选择

为了得到具有估计用户间距离能力的模型，正确选择与真实距离密切相关的输入特征至关重要。现有的方法利用了一些手动选择的特征，如共同的 Wi-Fi AP、杰卡德相似系数、相关系数（例如皮尔逊相关系数、斯皮尔曼等级相关系数）、信号最强的 Wi-Fi AP 等。然而，其中许多特征是相关的，因此只能为距离估计提供有限的补充信息。文献[1]中，提出了 14 个人工选择的特征，如肯德尔和谐系数、欧氏距离和曼哈顿距离等，Wi-Fi RSS 值（以 dBm 为单位）也被分为 6 个连续区间，即[-99, -86)、[-86, -76)、[-76, 66)、[-66, -56)、[-56, -46)和[-46, -20)，在这 6 个区间中分别计算前面提到的 14 个特征值。这样得到的特征数量将是 Wi-Fi AP 数量的 5 倍。本章还将利用这些特征来表明它们在计算用户间距离时的无效性，并将这些手动选择的特征集称为特征集 1。

与特征集 1 中手动选择的特征相比，为了让计算机自动学习更强大的隐藏特征，利用原始输入特征，将其中每个特征都对应一个 Wi-Fi AP。为此需要首先根据收集到的 Wi-Fi 信号对用户进行对齐。具体来说，对于任何成对用户，例如用户 a 和 b，假设 AP_a 和 AP_b 分别是用户 a 和用户 b 感知的 Wi-Fi AP 的 Mac 地址列表。因此，我们用 L_a 和 L_b 分别表示 AP_a 和 AP_b 中的 Wi-Fi AP 对应的 Wi-Fi RSS 列表。用 $AP_{\cap}^{a,b} = AP_a \bigcap AP_b$ 表示共同 Wi-Fi AP 列表，用 $AP_{\cup}^{a,b}$ 表示由 a 或 b 感知的 Wi-Fi AP 列表。此外，令 $n_{\cap}^{a,b} = |AP_{\cap}^{a,b}|$ 和 $n_{\cup}^{a,b} = |AP_{\cup}^{a,b}|$，即 $n_{\cap}^{a,b}$ 是公共 Wi-Fi AP 的数量，$n_{\cup}^{a,b}$ 是两个用户检测到的所有 Wi-Fi AP 的数量。对于一个用户（例如 a）检测到的 Wi-Fi AP，而另一个用户（如 b）未检测到的 Wi-Fi AP，用户 b 的 Wi-Fi RSS 列表中的值默认设置为-99 dBm。这样，L_a 和 L_b 的长度都等于 $n_{\cup}$。

类似地，如果有 n_{all} 个用户在感兴趣的位置，需对每个用户进行如上所述的对齐操作，这样每个用户的 Wi-Fi 列表对应一个 n_{all} 维向量。然后，对于每个 RSS 列表，计算每个 RSS 值的秩，使最强的 Wi-Fi 信号秩为 1，最弱的信号秩为 n_{all}。显然，存在多个值相等的关系（例如，用户对所有未检测到的 Wi-Fi AP 的值为-99 dBm），因此它们的秩应该是相同的，即所谓的平均秩。但是，由于 Wi-Fi 信号不稳定，两个近距离的用户可能会从同一 Wi-Fi AP 中检测到不同的 RSS 值，其 Wi-Fi RSS 列表中的秩不同。如文献[1]中所述，我们使用一个带有窗口 h 的移动平均秩这一度量来进行秩的分配。具体来说，对于升序排列的 **RSS** 向量 $(RSS_{(1)} \quad RSS_{(2)} \cdots RSS_{(n_{\text{all}})})$，$[RSS_{(1)}, RSS_{(1)} + h]$ 区间内的 l_1 个值的平均秩为

$$\frac{1 + 2 + \cdots + l_1}{l_1}$$

落入 $[RSS_{(l_1+1)}, RSS_{(l_1+l_2+1)} + h]$ 的 l_2 个值被分配相等的平均等级

$$\frac{(l_1+1) + (l_1+2) + \cdots + (l_1+l_2)}{l_2}$$

通过这种方式，对于每个 **RSS** 向量（比如通过用户 i），我们可以生成一个秩向量 $(R_1^i \quad R_2^i \quad \cdots \quad R_{n_{\text{all}}}^i)$。

利用每个用户生成的秩向量，计算成对用户的两个秩向量的差值，并推导出一个秩差向量，如对用户 i 和用户 j，他们的秩差向量中的第 1 个元素（$1 \in [1, n_{\text{all}}]$）为 $|R_i^i - R_l^j|$。特别是，对于未被这对用户（但被其他人）检测到的 Wi-Fi AP，我们令秩差为-1，即使 RSS 值都设置为-99 dBm,这样我们就可以区分检测到相同秩的相同 AP 的情况和两个用户都没有检测到 Wi-Fi AP 的情况。因此，我们可以得到一个具有 n_{all} 个原始特征的特征集（称为特征集 2）。

以图 4.3.1 为例介绍秩差的计算过程。假设在目标建筑内部署了 n 个 Wi-Fi AP。用户 A 和用户 B 只检测到三个 Wi-Fi APs（即 AP_1，AP_2 和 AP_3），它们的 RSS 值显示在阴影区域。特征集 2 的形式为 $(AP_1, AP_2, \cdots, AP_n)$，其中 $AP_i(i = 1, 2, \cdots, n)$ 由 Wi-Fi AP_i 的 Mac 地址表示。由于 Wi-Fi AP_1 的 RSS 值在用户 A 的 Wi-Fi 列表中秩为 1，用户 B 秩为 2，将秩差定义为 $R_{\text{Diff1}}(A, B) = |1 - 2| = 1$。此外，由于用户 A 和用户 B 都没有检测到 Wi-Fi AP_n，定义秩差 $R_{\text{Diff}n}(A, B) = -1$。因此，就得到了用户 A 和用户 B 之间的秩差向量为 $(1 \quad 1 \quad 0 \cdots -1)$，这将用于两个用户之间距离的估计。

使用特征集 2 来估计用户间距离的原因有三个方面：①这些特征是基于 Wi-Fi RSS 值的秩，而不是 Wi-Fi RSS 值本身，因为 Wi-Fi 测量存在设备的异质性等；②邻近的用户倾向于感知到几乎相同的 Wi-Fi AP，而来自相同的 Wi-Fi AP 的秩很可能是相同的。因此，两个用户越接近，来自同一 Wi-Fi AP 的秩差就会越小，对应于小秩差的 Wi-Fi AP 数量就越大；③使用 Wi-Fi AP 的名称（或 BSSID）作为特征名称将有助于走廊识别，因为不同走廊上的用户会感知到一些不同的 Wi-Fi AP。

有人可能会说，这里提出的方法不能推广到任何场景，因为特征集 2 中使用的特征与所处的室内空间密切相关。也就是说，AP 名称（即 Wi-Fi AP 的 Mac 地址表）和特征的大小因情况而异。为此，可以对特征集 2 进行略微的修改，使这些特征对任何场景都有效。具体来说，对于成对用户，例如用户 A 和用户 B，以上述类似方式计算他们来自相同 Wi-Fi AP

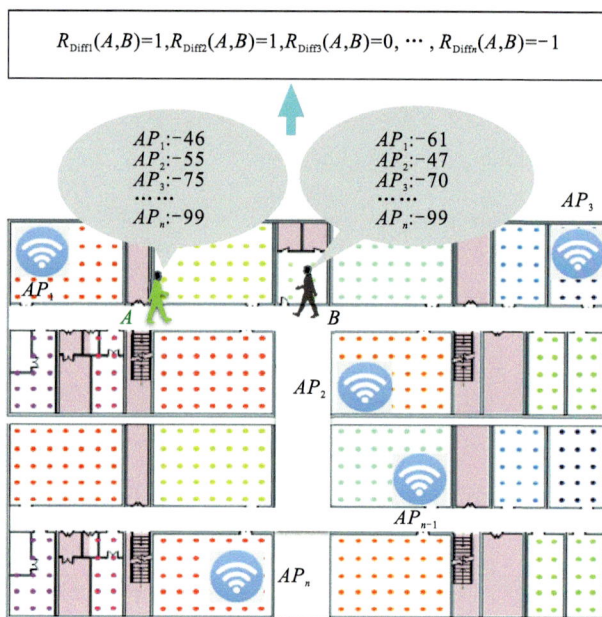

图 4.3.1　两个用户间秩差计算的说明性例子

的 RSS 值的秩差，并得到一个秩差向量 $(R_{\text{Diff1}} \quad R_{\text{Diff2}} \quad \cdots \quad R_{\text{Diffn}})$，其中 n 表示公共 Wi-Fi AP 的数量。然后，对这些秩差进行升序排列，获得有序秩差向量 $(R_{\text{Diff}(1)} \quad R_{\text{Diff}(2)} \quad \cdots \quad R_{\text{Diff}(n)})$，使得 $R_{\text{Diff}(i)} \leqslant R_{\text{Diff}(j)}(1 \leqslant i < j \leqslant n)$，对应于 n 个特征，即第一最小秩差、第二小秩差……。在校园大楼和购物中心进行的实验表明，两个用户检测到的共同 Wi-Fi AP 的数量通常从 15 到 50 个不等（图 4.3.2）。所以可以简单地设置 $n=50$。如果成对用户的公共 Wi-Fi AP 的数量（用 k 表示）小于 50，我们将最后 $n-k$ 个特征的值设为-1。请注意，k 取决于室内空间的 AP 密度。然而，我们的实验表明，对于两个相隔 1.5 m 或以上的用户，它不太可能检测到超过 50 个公共的 AP。可以将这些新特征（称为特征集 3）与特征集 1 结合起来，使得在任何场景下都能对用户间距离进行估计。

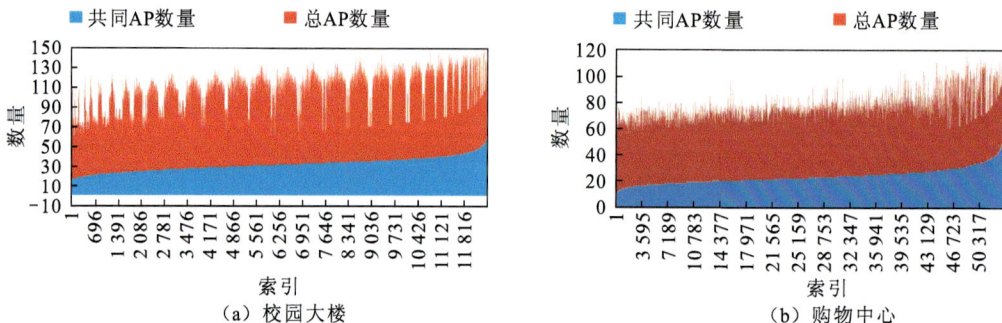

(a) 校园大楼　　　　　　　　　　　(b) 购物中心

图 4.3.2　不同场景下，不同位置且具有不同距离的
两个用户感知的共同 AP 数和总 AP 数的分布图

除了输入特征外，还有两个带有标记的输出特征，即真实的欧氏距离和走廊 ID。本章把估计用户间距离的问题视为一个回归问题，使训练模型的每个输出代表一个真实的距离。同一走廊上的用户 a 和用户 b 之间的输入和输出特性汇总如表 4.3.1 所示。

表 4.3.1　各种特征和对应描述

特征集	特征	特征含义
	$n_\cap^{ab}, n_\cup^{ab}$	重叠和非重叠 AP 的数量
	$J(a, b)$	a 和 b 之间的杰卡德相似系数，即 $\dfrac{n_\cap^{ab}}{n_\cap^{ab} + n_\cup^{ab}}$
	$d_J(a, b)$	$1 - J(a, b)$
特征集 1 （Set 1）	$p_\cap(a, b), s_\cap(a, b), \tau_\cap(a, b)$	$AP_\cap^{a,b}$ 中 Wi-Fi AP 的皮尔逊相关系数、斯皮尔曼等级相关系数和肯德尔和谐系数
	$p_\cup(a, b), s_\cup(a, b), \tau_\cup(a, b)$	$AP_\cup^{a,b}$ 中 Wi-Fi AP 的皮尔逊相关系数、斯皮尔曼等级相关系数和肯德尔和谐系数
	$d_\cap^e(a,b), d_\cap^m(a,b)$	$AP_\cap^{a,b}$ 中 RSS 值与 Wi-Fi AP 的欧氏距离和曼哈顿距离
	$d_\cup^e(a,b), d_\cup^m(a,b)$	$AP_\cup^{a,b}$ 中 RSS 值与 Wi-Fi AP 的欧氏距离和曼哈顿距离
特征集 2 （Set 2）	$R_{\text{Diff}1}(a,b), \cdots, R_{\text{Diff}n}(a,b)$	$AP_1, \cdots, AP_{n_{\text{all}}}$ 的 RSS 秩差
输出特征	$d_E(a, b)$	用户 a 和用户 b 之间的欧氏距离
	$\text{ID}(a, b)$	用户 a 和用户 b 的走廊标记

4.3.2　数据收集与准备工作

使用基于本章开发的 App 进行了现场测试，以收集两种不同场景下的 Wi-Fi RSS 值，即一个三层的校园大楼和一个六层的购物中心（图 4.3.3）。对于每个场景，让参与者以固定的时间间隔上传 Wi-Fi 数据（包括 Mac 地址、Wi-Fi 路由器名称和 RSS 值）。特别是对于瓷砖尺寸为 0.3 m×0.3 m 的校园大楼，让 4 对志愿者使用不同的移动设备（华为 Mate8、华为 P20Pro、华为 Mate9 和红米 Note2）将感知到的 Wi-Fi 数据上传到服务器，手动测量同一走廊上成对用户之间的距离，他们的走廊 ID 也被记录为标签。走廊 ID 标签包括楼层和每个楼层上的走廊 ID。例如，走廊 ID "12" 表示两个用户在一楼标签为 "2" 的走廊。志愿者沿着三层建筑的走廊行走时，总共检测到 414 个 Wi-Fi AP，因此在特征集 2 中有 414 个特征，在特征集 1 中有 84 个特征。样本量总计为 12 504 个。

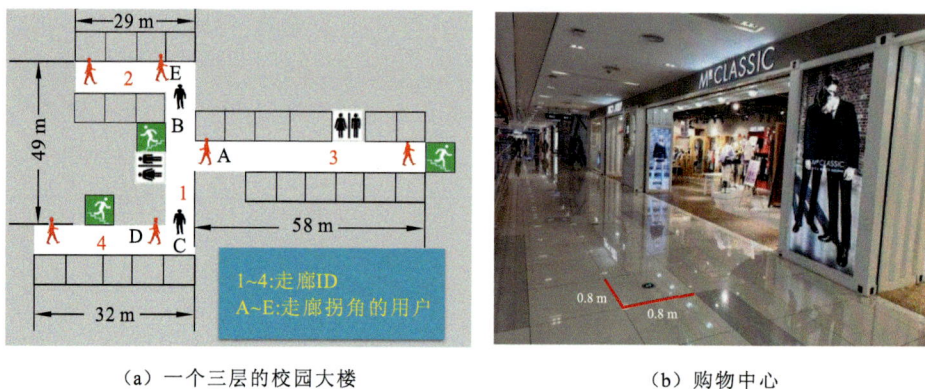

（a）一个三层的校园大楼　　　　　　　（b）购物中心

图 4.3.3　实验场景

对于地面瓷砖尺寸为 0.8 m×0.8 m 的购物中心场景，让一个参与者以 0.8 m 的固定间隔上传 Wi-Fi 数据，即两个连续位置之间的真实距离为 0.8 m。因为在这里，更感兴趣的是在购物中心的群组分析，只让参与者沿着同一层的走廊行走。具体来说，参与者首先在位置 A 上传 Wi-Fi 数据，然后在位置 B 上传 Wi-Fi 数据，使 A 和 B 距离 0.8 m，然后到达位置 C 并上传 Wi-Fi 数据，B 和 C 之间的距离也为 0.8 m，以此类推。参与者只在瓷砖沿线的 100 个位置收集 Wi-Fi 数据。一个参与者收集数据大约需要 2 h。最终，我们丢弃距离大于 20 m 的数据对，最终生成了 53 899 对 Wi-Fi 数据，在该层检测到 266 对 Wi-Fi AP。

利用收集到的原始 Wi-Fi 数据，计算特征集 1 和特征集 2 的输入特征。最终，在校园大楼和购物中心中分别得到 26.4 MB 和 79.4 MB 的数据集，其中 70% 的样本用于模型训练，30% 用于验证。

4.3.3　研究方法

在本小节中将一种高效的机器学习算法 LightGBM 应用于所选特征来估计用户之间的距离。具体来说，首先使用离线收集的一些训练数据来训练一个模型，然后使用学习到的模型，根据新上传的 Wi-Fi 信号来估计任何成对用户之间的距离。

（1）LightGBM 和 XGBoost 方法。在机器学习领域，研究人员很可能在实验中将 LightGBM 和 XGBoost 进行比较，因为两者都是梯度提升决策树（gradient boosting decision tree，GBDT）的有效实现。XGBoost 是极限梯度提升的代表作，自 2014 年陈天启提出以来，一直是结构化或表格数据和 Kaggle 大赛的主要应用机器学习算法，得到了学术界和工业界的广泛关注。XGBoost 为加快执行速度和提升模型性能而设计，被认为是当今同类产品中最好的产品之一，具有解决分类、回归、排序或用户定义的预测问题的能力。XGBoost 模型的目标函数可以表述如下。

$$\min \sum_{i=1}^{n} L(y_i, \hat{y}_i) + \sum_{j=1}^{K} \Omega(f_j) \tag{4.3.1}$$

其中，第一项是测量预测值与真值之间距离的损失函数，第二项是正则化项，旨在控制叶节点数，避免过拟合。然而，与其他 GBDT 实现类似，XGBoost 在处理具有高维特性的大数据时存在效率和可扩展性问题。

2017 年，微软发布了 GBDT 的另一个版本 LightGBM[40]。LightGBM 具有快速、分布式、高性能的 GBDT 实现，用于分类、回归、排名等方面。LightGBM 采用基于梯度的单侧采样（GOSS）算法，通过减少数据实例数，保持训练决策树的精度，采用互斥特征绑定（exclusive feature bundling，EFB）算法，有效减小特征集。特别是，LightGBM 使用分叶策略（而不是 XGBoost 中的分层策略），以及限制树的最大深度减少数据集中的特征数和直方图优化技术（而不是 XGBoost 中预先排序的）进行特征压缩和分割点确定。因此，它的内存成本更小，并可以减少训练成本。

一般来说，XGBoost 和 LightGBM 的结果差不多，但 LightGBM 在执行速度方面优于 XGBoost。因此，本章将利用 LightGBM 来估计用户间的距离。为了进行比较，还使用了其他方法，例如 XGBoost、随机森林（RF）、支持向量机（SVM）和堆叠自动编码器（stacked autoencoder，SAE）的 DNN。

（2）走廊标记。基于上节收集的带标签数据，使用 LightGBM 训练一个分类模型来识别成对用户的走廊 ID。利用每个用户的走廊信息，我们能够估计出不同走廊上的用户之间的距离，下面将详细介绍。

（3）用户间距离估计。为了估计用户之间的距离，首先使用 LightGBM 学习具有相同走廊 ID 的用户间距离的回归模型，然后推断不同走廊上用户间的距离。

情况 1：同一走廊上用户的距离估计。对于任何两个用户（例如 a 和 b），首先应用训练后的分类模型对上传的 Wi-Fi 信号进行识别，以确定他们是否在同一走廊上。如果他们具有相同的走廊 ID，则将他们感知到的 Wi-Fi 数据转换为输入特征，作为 WiDE 系统的原始输入，这样 WiDE 就可以根据 LightGBM 训练后的回归模型直接输出距离。

情况 2：不同走廊用户的距离估计。为了估计不同走廊上用户之间的距离，首先定位训练数据集中每个走廊的角落对应的用户/位置指纹。为此，将走廊中的位置指纹（如 $u_1, u_2, \cdots, u_k$）视为一个图，其中每个指纹对应一个顶点，一条边连接距离小于阈值（如 1.5 m）的两个指纹。在该图上应用迪杰斯特拉算法（Dijkstra's algorithm）来计算成对顶点之间的最短路径（以及跳数距离），其中一条边的长度定义为一跳。如果 u_i 和 $u_j (i, j = 1, 2, \cdots, k; \ i \neq j)$ 在所有其他顶点对中的距离最小，则它们被识别为拐角点/指纹。一般来说，拐角点/指纹更有可能位于两个相邻走廊的交界处附近（例如，图 4.3.4 中的黑色实心圆）。对于不同走廊上的两个用户（即具有不同走廊 ID 的用户），如图 4.3.4 中的 a 和 f，通过在图 $G = (V, E)$ 上计算他们之间的最短路径，其中需要利用最短路径上的拐点（图 4.3.4 中的 c，d，e）。这里，$V = \{a, b, c, d, e, f\}$，E 表示 G 中具有相同走廊 ID 的两个点之间的边集。所以，a 和 f 之间的距离可以估计为 $d(a, f) = d(a, b) + d(b, c) + d(c, d) + d(d, e) + d(e, f)$，其中方程右侧的每项都可以直接计算，因为它们在同一走廊上。如果 G 中的两点（例如 a 和 b）之间的距离非常大（例如在一条长走廊中），估计出的距离很可能不是非常精确（例如，训练数据的小样本间隔大于 20 m），为此，把距离小于阈值（例如在后续群组识别中要求的 1.5 m）的两个用户连接起来，然后利用同一走廊中的其他点计算最短路径长度来估计距离 $d(a, b)$，如图 4.3.4 所示。

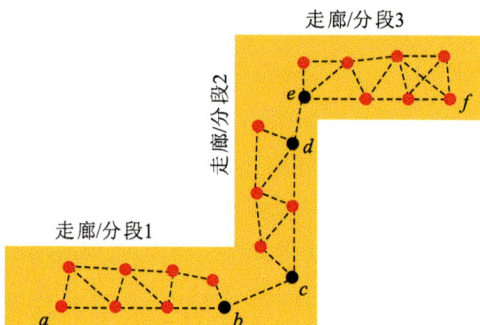

图 4.3.4　用户 a 和用户 f 在不同走廊/分段上的距离估计示例
其中每个用户用一个点表示，黑色的实心圆表示拐角指纹，
两点之间的连接表示它们的距离小于群组识别的阈值（例如 1.5 m）

4.4　基于用户距离估计的群组画像

在社交活动分析中，群组检测对客户分析、提供更好服务和信息共享等方面至关重要。在一个由多用户组成的群组中，组员通常彼此接近，做相同的活动，因此具有相似的行走速度和运动方向[33]。现有的方法通常依据用户的轨迹来确定群组成员身份[1, 21]，但在需要利用诸如左转或上楼/下楼这种与行走模式变化有关的信息时，收集足够的感知数据会产生很高的检测延迟。如果能准确地计算用户之间的距离，就能很快地确定群组的成员身份。因此，本节利用 WiDE 系统的用户间距离进行群组分析，分析过程包括群组检测、细粒度群组移动水平分类和群组结构识别三个步骤。

4.4.1　群组检测

根据社会科学的空间关系学原理，如果两个用户的距离小于 0.45 m，则他们之间的关系为亲密等级；如果用户距离为 0.45～1.2 m，则二者关系较为随性；如果用户距离为 1.2～3.6 m，即为社交化咨询用户；如果用户间距离大于 3.6 m，则为公共用户。在本章中，确定特定的社会关系并不是研究目的，主要目的是根据用户之间的距离来确定是两个还是多个用户形成一个群组。所以，为了检测群组，借助移动设备感知的 Wi-Fi 信号，利用 WiDE 系统来估计室内活动的成对用户之间的距离。对于两个用户 a 和 b，如果他们的距离 $d(a, b)$ 小于阈值 δ_1（如 1.5 m），我们就将他们识别为同一组成员。

注意 Wi-Fi 信号具有高度不稳定特性，这使得仅运用用户一次收集的 Wi-Fi 信号进行用户间距离估计并不总是准确的。因此，一个组中的两个用户可能并不会被成功识别为组成员（导致假阴性），而两个非同一组内的用户却可能被识别为组成员（导致假阳性），如图 4.4.1 所示。为了解决这个问题，可以在多个周期（例如大于 2 的 L 个周期）内进行 Wi-Fi 扫描，并利用上述群组检测方法识别群组成员。这样，对于一对用户，得到表示群组成员身份的 L 个结果 $x_i(i=1,2,\cdots,L)$，$x_i=1(i=1,2,\cdots,L)$ 表示他们属于同一组，$x_i=0(i=1,2,\cdots,L)$ 表示他们不是同一组成员。对于给定的阈值 $\delta_2\in(0,1)$，如果

$$\frac{\sum_{i=1}^{L}x_i}{L}>\delta_2$$

则将这两个用户标识为同一组成员；否则，他们不是同一组成员。如果两个用户为同一组成员，令 $x_i=1(i=1,2,\cdots,L)$，否则令 $x_i=0(i=1,2,\cdots,L)$，以此来纠正不准确的结果。

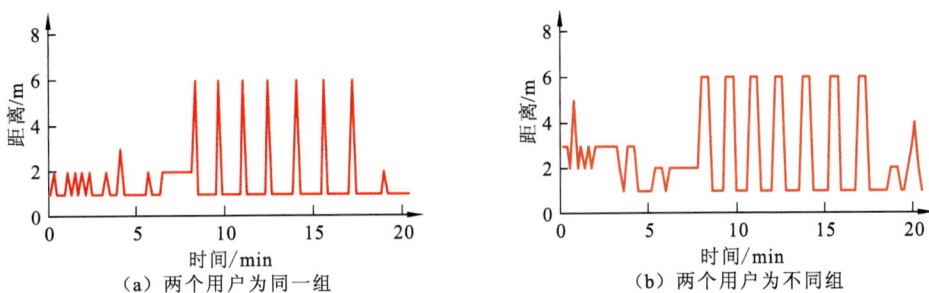

图 4.4.1　实际距离不变时，两个用户间的估计距离与行走时间关系图

确定成对用户之间的关系后，就可以判断是否还有其他的群组成员。具体来说，对于组成员 a 和 b，如果有用户 c 使 $d(a,c)<\delta_1$ 和/或 $d(b,c)<\delta_1$，那么就推断 ab 和 c 三个用户形成一个群组。以这样的方式就可以检测出任何规模的群组。

4.4.2　细粒度群组移动水平分类

在检测到这些群组后，现在提出一种简单的方法对每个群组的细粒度移动水平分类。在本章中我们考虑了 4 种群组移动水平[21]，即静止、散步、步行和跑步。由于不同的移动水平通常对应于不同的步行速度，所以我们的解决方案是基于该组中每个用户的步行距离/位移和速度的计算。具体来说，对于一个组中的每个用户（例如用户 a），我们通过在 t_0 和 t_1 时刻上传的 Wi-Fi 信号，应用 WiDE 系统计算从时间 t_0（即 Wi-Fi 扫描的开始时间）到 t_1（例如，$t_1=t_0+k\times T$）的位移 $d_a(t_0,t_1)$，其中 T 代表 Wi-Fi 扫描周期。然后，我们计算用户 a 的速度

$$v_a=\frac{d_a(t_0,t_1)}{t_1-t_0}$$

对于群组中的所有用户，计算他们的平均速度，作为群组速度的近似值。根据平均速度，可以确定该群组的移动水平。例如，许多人倾向于以 1.4 m/s（或 4.6 ft/s）的速度行走；

虽然有些人的行走速度可以达到 2.5 m/s，但他们经常选择不走那么快[41]。

因此，在典型的室内环境中进行现场调查，以计算具有不同移动水平的群组速度：首先设置两个已知距离的地标，然后记录群组成员从一个地标到另一个地标散步/步行/跑步的用时。表 4.4.1 为三种移动水平的群组速度汇总结果。根据经验规则，约 95%的样本将落在 $(x-2\sigma, x+2\sigma)$ 的区间内，将该规则应用于表 4.4.1 中的群组速度统计数据进行移动水平分类。具体来说，对于速度落在区间(0.44, 0.8)内的群组，推断群组移动水平为散步类型；如果速度在(0.86, 1.66)内，推断移动水平是步行类型；如果速度在(1.7, 3.5)内，推断移动水平为跑步类型；否则为静止类型。如果群组速度在两个相邻区间之间（例如 0.8 至 0.86 之间），将其归类于最接近的区间。因此，群组移动水平的静止、散步、步行和跑步 4 种类型分别对应(0, 0.44)、[0.44, 0.83)、[0.83, 1.68)和[1.68, 3.5)这 4 个区间。

表 4.4.1　不同移动水平的群组速度汇总结果

移动水平	散步	步行	跑步
平均值/（m/s）	0.62	1.26	2.6
标准差/（m/s）	0.09	0.199	0.45
样本数量	60	245	65

4.4.3　群组结构识别

为识别群组结构，计算群组中每个用户的相对坐标。由于我们已经通过 WiDE 系统计算了两两用户间的 Wi-Fi 距离，所以可以使用传统的多维标度法[30]来完成这项任务。下面首先简要介绍 MDS 技术的一些基本知识，然后设计基于 MDS 的用户定位及群组结构识别算法。

1. 多维标度法

MDS 是一种非线性降维技术，用于可视化各个对象之间的相似度水平（例如本章中的活动用户）。利用对象间的距离矩阵 $\boldsymbol{D}$，为每个对象分配 M 维（$M=2, 3$）坐标，同时尽可能保留对象之间的距离。MDS 技术已成功用于确定 Wi-Fi AP 位置[42]、用户位置[43]和传感器网络位置[44]。经典的 MDS（CMDS）技术特别有吸引力，因为它可以产生快速封闭的解决方案，即它能输出坐标矩阵，其结果由最小化下面定义的所谓应变函数得到。

CMDS 技术的目的是最小化以下应变函数：

$$\mathrm{Strain}\boldsymbol{D}(x_1, x_2, \cdots, x_n) = \sqrt{\frac{\sum_{ij}(d_{ij} - \langle x_i, x_j \rangle)^2}{\sum_{ij} d_{ij}^2}} \tag{4.4.1}$$

为了推导方程式（4.4.1）的闭形解，需要对矩阵 $\boldsymbol{B}$ 进行特征值分解。设 $\boldsymbol{\Lambda}$ 和 $\boldsymbol{Q}$ 分别表示特征值的对角矩阵和 $\boldsymbol{B}$ 的特征向量矩阵，则 $\boldsymbol{B}$ 的特征值可以分解为 $\boldsymbol{B}=\boldsymbol{Q\Lambda Q}$。因此，第 i 个对象的输出坐标为

$$X_i = (\sqrt{\lambda_{(1)}}q_{1l}, \sqrt{\lambda_{(2)}}q_{2i}, \cdots, \sqrt{\lambda_{(m)}}q_{mi}) \qquad (4.4.2)$$

其中：$\lambda_{(k)}$ 和 q_{ki} 分别代表第 $k(k=1, 2, \cdots, m)$ 个最大特征值和对应特征向量的第 i 个分量。

2. 基于 CMDS 的群组结构识别

对于拥有 n_i 个用户的群组 G_i，首先通过 WiDE 系统估计组中成对用户之间的距离，并据此推导出一个 $n_i \times n_i$ 阶距离矩阵 D_i。利用这个距离矩阵，对 D_i 的内积矩阵 B_i 进行了特征值分解。因此，基于式（4.4.2）可以生成该群组的相对二维坐标系。

然而，利用群组的相对坐标来确定群组形状或结构面临很大挑战，这是因为用户行走的方向无法明确，且坐标系也受到旋转变换干扰。这里的群组形状主要有三类：①成员平行行走（左右队形）；②领导-跟随者（前后队形）；③一般队形。基于 CMDS 的群组结构识别如图 4.4.2 所示。另外，CMDS 不能直接用于计算分布在直线上的群组的坐标系。为了解决这个问题，我们利用了群组成员在下一个扫描时期内的 Wi-Fi 指纹信息。图 4.4.2 给出一些直观示例，其中，每个节点编号以 XY 形式表示，X 表示时间，Y 表示成员 ID，例如，02 表示 $t=t_0$ 时刻用户 2，13 表示 $t=t_1$ 时刻用户 3。对于具有 k 个成员的群组（例如，图 4.4.2 中的 $k=4$），我们首先得到在 t_0 时 k 个成员的坐标系（例如，图 4.4.2 中标记标签从 01 到 04 的 4 个用户）；然后，我们利用这 k 个成员在 t_0 和 t_1 时上传的 Wi-Fi 指纹，得到成对 Wi-Fi 指纹之间的 $(2k) \times (2k)$ 维距离矩阵，最后在距离矩阵上应用 CMDS，从而生成 $2k$ 个节点的坐标系统[如图 4.4.2（a）中的顶部图像]。

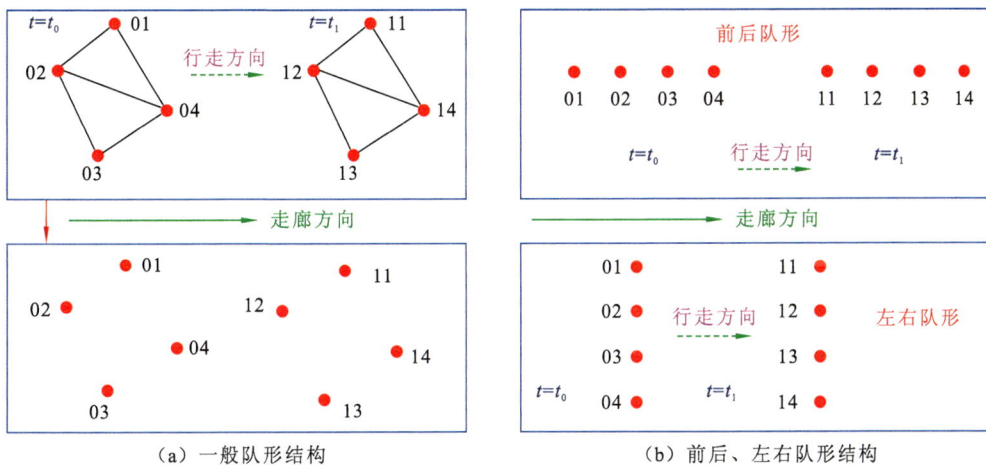

（a）一般队形结构　　　　　　　　　　（b）前后、左右队形结构

图 4.4.2　基于 CMDS 的群组结构识别

利用构造的坐标系统，来识别群组结构。一种直观的方法是构建基于坐标位置的凸包。如果凸包近似于一个矩形，推断群组结构为左右队形；如果凸包为非矩形多边形，推断群组结构为一般队形；否则为前后队形。但是，由于成对用户之间的近似距离可能并不十分准确，所以具有前后队形的群组的凸包也可以是一个多边形，而不是一条直线。从图 4.4.3 中观察到（其中顶部图像表示真实结构，底部图像表示预测结构），对

范围为 2～5 m。

群组检测精度。为评估性能，使用两种不同的指标，即延迟和准确性（包括召回率和精度）。延迟定义为用户启动系统后进行群组检测所经过的时间。每组的召回率和每组的精度定义如下。设 G_{ij}，$G'_{ij}(i=1,2;\ j=1,2,\cdots,n)$ 分别为第 j 次实验中 A 组 (G_{1j}, G'_{1j}) 和 B 组 (G_{2j}, G'_{2j}) 的真实和检测到的群组成员集。如果 $|G'_{ij}|>1$，则定义 $R_{ij}=\dfrac{|G_{ij}\bigcap G'_{ij}|}{|G_{ij}|}$，

否则 $R_{ij}=0$；整体召回率定义为 $R=\dfrac{\sum\limits_{j=1}^{n}\sum\limits_{i=1}^{2}R_{ij}}{2n}$。如果 $|G'_{ij}|\geqslant|G_{ij}|$，每组精度定义为

$P_{ij}=\dfrac{|G_{ij}\bigcap G'_{ij}|}{|G'_{ij}|}$，否则就定义精度 $P_{ij}=0$；总体精度 $P=\dfrac{\sum\limits_{j=1}^{n}\sum\limits_{i=1}^{2}P_{ij}}{2n}$。在这里，$|\cdot|$ 表示一个集合的元素个数。

为了证明 WiDE 估计的距离适用于群组检测，首先对不同组间距离 $d(A, B)$ 的群组进行检测，这里假设距离小于 1.5 m 的两个用户为真实的群组成员。见图 4.5.2（a）。由图可知，当两组非常接近，例如距离小于 2 m 时，召回率和精度都低于 0.5，因为一个成员（通常位于群组的边界）很可能被检测为另一组成员，导致两组可能合并成一组。当群组距离增加时，群组检测准确性（包括精度和召回率）都显著提高，特别是当群组距离大于 4 m 时，群组检测的准确性可达到 100%。

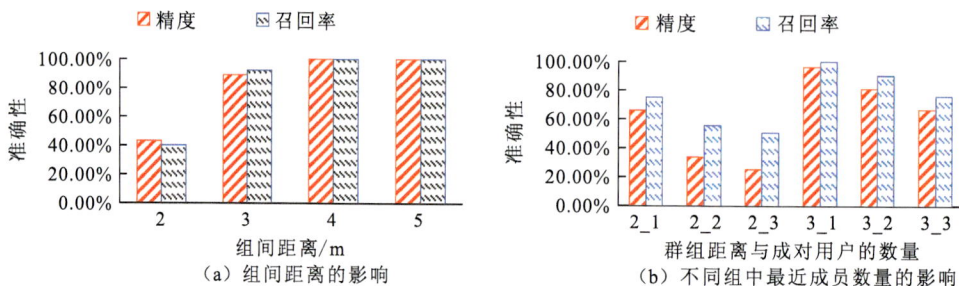

图 4.5.2　群组检测准确性的两个影响因素

其中 i, j（$i=2, 3$；$j=1, 2, 3$）表示有 j 个成对节点，距离为 i m

影响群组检测准确性的另一个因素是不同群组中相近的成对用户的数量。如果有许多相近且分属不同群组的成对用户（例如小于 2 m），那么准确性也可能会更低，因为成对节点的数量越大，两组越有可能被检测为同一组。图 4.5.2（b）说明了当两个不同群组之间的距离为 2 m 或 3 m 时，其中有 j（$j=1, 2, 3$）对用户满足每对用户之间的距离为 i（$i=2, 3$）m 时的群组检测精度。由图可知，当距离近的成对节点的数量增加时，群组检测的精度显著降低。特别地，对距离小于 2 m 的成对用户数，精度仅为 20%左右。当然，群组的规模也可能影响准确性，实验中每个组只有 3 到 5 名成员；当群组规模扩大时，精度和召回率也会提高。

在实际操作中，两个瞬时距离小于 1.5 m 的用户可能并不是同一群组的成员，因此需要考虑延迟以提高检测精度。接下来，比较了 WiDE 与 GruMon[2]、SNOW[15]和 WiDE(G)的性能，它们使用了特征集 1 和特征集 3。GruMon 通过将位置信息与 IMU 上的加速度计、罗盘和气压计等传感器的数据融合来检测群组，并生成一系列特征，如空间特征、运动特征、转弯特征和水平特征。SNOW 主要采用基于 RSS 趋势的 Wi-Fi 相似度和 AP 显著性进行群组检测，其中参数为 $\beta=0.3$。图 4.5.3（a）用 F-分数描述了不同延迟下的群组检测精度结果，这里 F-分数的定义为 $\dfrac{2\times\text{Precision}\times\text{Recall}}{\text{Precision}+\text{Recall}}$。由图发现，在前 5 min 内，GruMon 的 F-分数低于 70%，这是因为这么短的时间内在有许多长走廊的购物中心中，用户往往很少改变行走方向或上下楼层。GruMon 的 F-分数与 SNOW 相差无几，但远小于 WiDE 和 WiDE(G)。随着时间推移，4 种方法的 F-分数都增加了，这是因为 GruMon 中使用的行走模式、SNOW 使用的 RSS 趋势 Wi-Fi 相似度，以及 WiDE 和 WiDE(G)使用的用户间距离，在更长的时间内都有更强的能力去区分群组和非群组成员。另外还观察到，WiDE 和 WiDE(G)的表现始终优于 GruMon 和 SNOW。其原因是，两个具有大致相同的行走模式（这是 GruMon 构建的基础）或高 Wi-Fi 趋势相似度（这是 SNOW 构建的基础）的用户，在拥挤的空间中可能大概率成为非群组成员，而两个长期距离一致（例如小于 1.5 m）的用户更有可能成为群组成员。

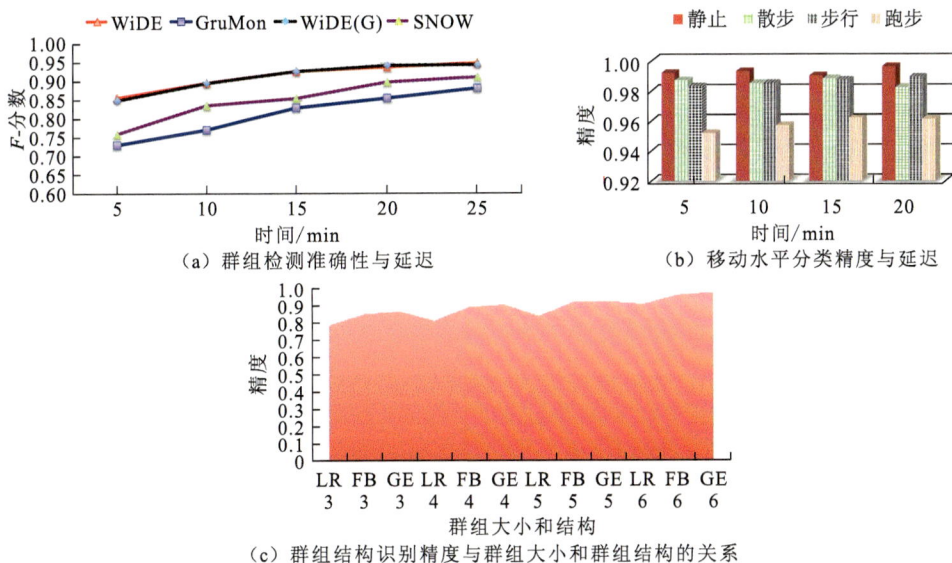

（a）群组检测准确性与延迟　（b）移动水平分类精度与延迟

（c）群组结构识别精度与群组大小和群组结构的关系

图 4.5.3　更多群组分析对比结果

群组移动水平分类精度。图 4.5.3（b）描述了 4 种不同的群组移动水平的分类精度结果。静止群组的移动水平分类的精度最高，因为群组成员感知到的 Wi-Fi 信号没有显著变化，所以估计出的位移最小。相反，跑步群组的移动水平分类精度最低，因为它通常需要一段较长时间来扫描周围的 Wi-Fi 信号，所以通过计算成对连续扫描周期之间的位移而估计出的步行距离，与其他移动水平相比不是很准确。另外还注意到，移动水平分类精度并没有随着步行时间而发生显著变化，因为该方法依赖于基于估计位移和行走时间的群组速度。

群组结构识别精度。图 4.5.3（c）汇总了不同群组大小下的群组结构识别结果。在此只考虑了三种情况：左右位置（LR）、前后位置（FB）和一般位置（GE）。群组越大，精度越高，具有一般位置的群组可以更准确地识别，其次是前后位置。原因是在宽度有限的走廊内，LR 组的成员分布密集，由于 Wi-Fi 信号不稳定，不同成员间的距离误差也不同。FB 的精度较高，因为成员是沿走廊方向相对稀疏分布的。但是，可能也会有一些距离较远的两个指纹，例如一个在 t_0 采集，另一个在 t_1 采集，这可能会导致较大的距离估计误差。因此，在相同的群组规模下，FB 的精度要低于 GE。我们的方法总体准确率约为 88%，远高于文献[21]报道的 70%左右的准确率。

4.6 讨　　论

4.6.1　群组队形变化的影响

在 WiDE 系统的设计中，暗含了这样一个假设，当多次使用 Wi-Fi 扫描来推断两个用户是否为群组成员时，成对的群组成员间将保持相对稳定的距离。接下来，将展示如何扩展该解决方案，以解决群组队形可能改变时群组检测问题。假设在室内空间中有 n 个用户，对应于图中的 n 个顶点。最初，这个图并没有边，即任意两个顶点都不连接。然后，根据两个用户收集到的 Wi-Fi 信号，如果他们的距离小于 1.5 m，则连接他们在一条边上。这里也有可能存在的情形是，在 t_0 时两个用户之间的边在 t_1 时可能无效，即使他们仍然在同一个组中。因此，为群组成员提出了一个新的定义：如果两个用户是可达的，即他们之间至少有一条路径，则这两个用户为群组成员。经过 L 段 Wi-Fi 扫描后，计算可达的成对用户数量，如果数量大于阈值（例如 $L\delta_2$），则这两个用户为群组成员。这样就可以解决由群组队形变化而引起的问题。

4.6.2　群组检测的计算延迟

另一个重要的问题是，WiDE 系统是否能够在拥挤的场景中快速识别这些群组。实验表明，计算一对用户之间的距离只需要几十毫秒。但是，如果在室内空间中有成千上万的用户，那么计算所有用户之间的距离来进行群组检测是不切实际的。事实上，对于距离很远的非群组成员，他们通常很少会感知到共同的 Wi-Fi AP，这样我们就可以将计算范围缩小到具有较大杰卡德相似系数的成对用户，进而大大减少计算量和节省时间。

4.7　结　论

本章提出的 WiDE 系统，利用 LightGBM 模型和基于 Wi-Fi 信号构建的特征集，实现用户间的距离估计。作为一种应用，WiDE 系统可应用于群组检测、移动水平分类和群组结构识别。在校园大楼和购物中心的实验验证了 WiDE 系统的性能，大量的实验表明使用基于 LightGBM 的 WiDE 系统的 AAE 精度良好。在购物中心基于 WiDE 系统的群组检测性能表明，该方法有较高的群组检测精度和移动水平分类精度。

参 考 文 献

[1] SEN R, LEE Y, JAYARAJAH K, et al. GruMon: fast and accurate group monitoring for heterogeneous urban spaces[C]//SenSys'14: Proceedings of the 12th ACM Conference on Embedded Network Sensor Systems, November 3-6, 2014, Memphis Tennessee. New York: ACM, 2014: 46-60.

[2] XIAO Z, LI F C, JIANG H B, et al. A joint information and energy cooperation framework for CR-enabled macro-femto heterogeneous networks[J]. IEEE Internet of Things Journal, 2020, 7(4): 2828-2839.

[3] LI J, ZENG F Z, XIAO Z, et al. Drive2friends: inferring social relationships from individual vehicle mobility data[J]. IEEE Internet of Things Journal, 2020, 7(6): 5116-5127.

[4] LIU D B, CAO Z C, HOU M S, et al. Pushing the limits of transmission concurrency for low power wireless networks[J]. ACM Transactions on Sensor Networks, 2020, 16(4): 1-29.

[5] HE T, NIU Q, HE S N, et al. Indoor localization with spatial and temporal representations of signal sequences[C]//2019 IEEE Global Communications Conference (GLOBECOM), February 27, 2020, Waikoloa, HI, USA. New York: IEEE, 2019: 1-7.

[6] JIANG H B, LIU W P, JIANG G Y, et al. Fly-navi: a novel indoor navigation system with on-the-fly map generation[J]. IEEE Transactions on Mobile Computing, 2021, 20(9): 2820-2834.

[7] LIU W P, JIANG H B, JIANG G Y, et al. Indoor navigation with virtual graph representation: exploiting peak intensities of unmodulated luminaries[J]. IEEE/ACM Transactions on Networking, 2019, 27(1): 187-200.

[8] YU N, HAN Q. Grace: recognition of proximity-based intentional groups using collaborative mobile devices[C]//2014 IEEE 11th International Conference on Mobile Ad Hoc and Sensor Systems, October 28-30, 2014, Philadelphia, PA, USA. New York: IEEE, 2014: 10-18.

[9] LI Q, HAN Q, CHENG X Z, et al. QueueSense: collaborative recognition of queuing on mobile phones[C]//2014 Eleventh Annual IEEE International Conference on Sensing, Communication, and Networking (SECON), June 30-July 3, 2014, Singapore. New York: IEEE, 2014: 230-238.

[10] GUO B, HE H L, YU Z W, et al. GroupMe: supporting group formation with mobile sensing and social graph mining[C]//International Conference on Mobile and Ubiquitous Systems: Computing, Networking,

and Services, December 12-14, 2012, Beijing, China. Berlin: Springer, 2013: 200-211.

[11] ZHU W P, CHEN J J, XU L, et al. A recognition approach for groups with interactions[C]// International Conference on Wireless Algorithms, Systems, and Applications. June 20-22, 2018, Tianjin, China. Cham: Springer, 2018: 846-852.

[12] KJÆRGAARD M B, WIRZ M, ROGGEN D, et al. Detecting pedestrian flocks by fusion of multi-modal sensors in mobile phones[C]//UbiComp'12: Proceedings of the 2012 ACM Conference on Ubiquitous Computing, September 5-8, 2012, Pittsburgh, Pennsylvania. New York: ACM, 2012: 240-249.

[13] KJÆRGAARD M B, WIRZ M, ROGGEN D, et al. Mobile sensing of pedestrian flocks in indoor environments using WiFi signals[C]// 2012 IEEE International Conference on Pervasive Computing and Communications, March 19-23, 2012, Lugano, Switzerland. New York: IEEE, 2012: 95-102.

[14] SHEN J X, CAO J N, LIU X F, et al. SNOW: detecting shopping groups using WiFi[J]. IEEE Internet of Things Journal, 2018, 5(5): 3908-3917.

[15] GORDON D, WIRZ M, ROGGEN D, et al. Group affiliation detection using model divergence for wearable devices[C]//ISWC'14: Proceedings of the 2014 ACM International Symposium on Wearable Computers, September 13-17, 2014, Seattle Washington, USA. New York: ACM, 2014: 19-26.

[16] YU N, ZHAO Y J, HAN Q, et al. Identification of partitions in a homogeneous activity group using mobile devices[J]. Mobile Information Systems, 2016, 2016: 3545327.

[17] LI Q, HAN Q, SUN L M. Collaborative recognition of queuing behavior on mobile phones[J]. IEEE Transactions on Mobile Computing, 2016, 15(1): 60-73.

[18] HONG H D, LUO C W, CHAN M C. SocialProbe: understanding social interaction through passive WiFi monitoring[C]//MOBIQUITOUS 2016: Proceedings of the 13th International Conference on Mobile and Ubiquitous Systems: Computing, Networking and Services. November 28-December 1, 2016, Hiroshima, Japan. New York: ACM, 2016: 94-103.

[19] SHEN J X, CAO J N, LIU X F. BaG: behavior-aware group detection in crowded urban spaces using WiFi probes[J]. IEEE Transactions on Mobile Computing. 2021, 20(12): 3298-3310.

[20] DU H, YU Z W, YI F, et al. Recognition of group mobility level and group structure with mobile devices[J]. IEEE Transactions on Mobile Computing, 2018, 17(4): 884-897.

[21] LIU S, JIANG Y X, STRIEGEL A. Face-to-face proximity EstimationUsing bluetooth on smartphones[J]. IEEE Transactions on Mobile Computing, 2014, 13(4): 811-823.

[22] SHU Y C, HUANG Y H, ZHANG J Q, et al. Gradient-based fingerprinting for indoor localization and tracking[J]. IEEE Transactions on Industrial Electronics, 2016, 63(4): 2424-2433.

[23] KRUMM J, HINCKLEY K. The NearMe wireless proximity server[M]//UbiComp 2004: Ubiquitous Computing. Berlin, Heidelberg: Springer Berlin Heidelberg, 2004: 283-300.

[24] SAPIEZYNSKI P, STOPCZYNSKI A, WIND D K, et al. Inferring person-to-person proximity using WiFi signals[J]. Proceedings of the ACM on Interactive, Mobile, Wearable and Ubiquitous Technologies, 2017, 1(2): 1-20.

[25] ZHANG H L, DU W, ZHOU P F, et al. DopEnc: acoustic-based encounter profiling using

smartphones[C]//MobiCom'16: Proceedings of the 22nd Annual International Conference on Mobile Computing and Networking. October 3-7, 2016, New York City, New York,USA. New York: ACM, 2016: 294-307.

[26] AHARONY N, PAN W, IP C, et al. Social fMRI: investigating and shaping social mechanisms in the real world[J]. Pervasive and Mobile Computing, 2011, 7(6): 643-659.

[27] EAGLE N. Reality mining: sensing complex social systems[J]. Personal and Ubiquitous Computing, 2006, 10(4): 255-268.

[28] BORG I, GROENEN P. Modern multidimensional scaling: theory and applications[J]. Journal of Educational Measurement, 2003, 40(3): 277-280.

[29] BANERJEE N, AGARWAL S, BAHL P, et al. Virtual compass: relative positioning to sense mobile social interactions[M]//Lecture Notes in Computer Science. Berlin, Heidelberg: Springer Berlin Heidelberg, 2010: 1-21.

[30] RACHURI K K, MASCOLO C, MUSOLESI M, et al. SociableSense: exploring the trade-offs of adaptive sampling and computation offloading for social sensing[C]//MobiCom'11: Proceedings of the 17th Annual International Conference on Mobile Computing and Networking. September 19-23, 2011, Las Vegas, Nevada, USA. New York: ACM, 2011: 73-84.

[31] CONSTANDACHE I, BAO X, AZIZYAN M, et al. Did you see Bob? human localization using mobile phones[C]//MobiCom'10: Proceedings of the 16th Annual International Conference on Mobile Computing and Networking, September 20-24, 2010, Chicago, Illinois, USA. New York: ACM, 2010: 149-160.

[32] ZHU F, WANG X G, YU N H. Crowd tracking with dynamic evolution of group structures[M]//Computer Vision - ECCV 2014. Cham: Springer International Publishing, 2014: 139-154.

[33] GE W N, COLLINS R T, RUBACK R B. Vision-based analysis of small groups in pedestrian crowds[J]. IEEE Transactions on Pattern Analysis and Machine Intelligence, 2012, 34(5): 1003-1016.

[34] SUN L, AI H Z, LAO S H. Activity group localization by modeling the relations among participants[C]//European Conference on Computer Vision. September 6-12, 2014, Zurich, Switzerland, Cham: Springer, 2014: 741-755.

[35] YU N, HAN Q. Grace: recognition of proximity-based intentional groups using collaborative mobile devices[C]//2014 IEEE 11th International Conference on Mobile Ad Hoc and Sensor Systems, October 28-30, 2014 , Philadelphia, PA, USA. New York: IEEE, 2014: 10-18.

[36] WU F J, SOLMAZ G. Are you in the line? RSSI-based queue detection in crowds[C]//2017 IEEE International Conference on Communications (ICC), May 21-25, 2017, Paris, France. New York: IEEE, 2017: 1-7.

[37] KJÆRGAARD M B, BLUNCK H, WÜSTENBERG M, et al. Time-lag method for detecting following and leadership behavior of pedestrians from mobile sensing data[C]//2013 IEEE International Conference on Pervasive Computing and Communications (PerCom), March 18-22, 2013, San Diego, CA, USA. IEEE, 2013: 56-64.

[38] FEESE S, ARNRICH B, TROSTER G, et al. CoenoFire: monitoring performance indicators of firefighters in real-world missions using smartphones[C]//UbiComp'13: Proceedings of the 2013 ACM International Joint Conference on Pervasive and Ubiquitous Computing, September 8-12, 2013, Zurich Switzerland. New York: ACM, 2013: 83-92.

[39] FEESE S, ARNRICH B, TRÖSTER G, et al. Sensing group proximity dynamics of firefighting teams using smartphones[C]//ISWC'13: Proceedings of the 2013 International Symposium on Wearable Computers, September 8-12, 2013, Zurich, Switzerland. New York: ACM, 2013: 97-104.

[40] KE G, et al. LightGBM: A highly efficient gradient boosting decision tree[C]//NIPS'17: Proceedings of the 31st International Conference on Neural Information Processing Systems, December 4-9, 2017, Long Beach, CA, USA, New York: ACM, 2017: 3149-3157.

[41] MOHLER B J, THOMPSON W B, CREEM-REGEHR S H, et al. Visual flow influences gait transition speed and preferred walking speed[J]. Experimental Brain Research, 2007, 181(2): 221-228.

[42] KOO J, CHA H. Unsupervised locating of WiFi access points using smartphones[J]. IEEE Transactions on Systems, Man, and Cybernetics, Part C (Applications and Reviews), 2012, 42(6): 1341-1353.

[43] WU C S, YANG Z, LIU Y H. Smartphones based crowdsourcing for indoor localization[J]. IEEE Transactions on Mobile Computing, 2015, 14(2): 444-457.

[44] LIU W P, WANG D, JIANG H B, et al. An approximate convex decomposition protocol for wireless sensor network localization in arbitrary-shaped fields[J]. IEEE Transactions on Parallel and Distributed Systems, 2015, 26(12): 3264-3274.

第 5 章 基于三维传感器网络一维流形骨架的导航协议

三维传感器网络的导航应用，可以是主动引导用户从潜在的危险区域移动到安全的出口，三维传感器网络在其中是作为应急反应系统，而不是监控工具或数据采集介质。但现有工作主要集中在二维情况下，且都不能很好地应用于三维传感器网络，这使得在三维传感器网络中设计有效且轻量级的导航协议成为一项艰巨的挑战。本章提出了一个无须位置信息、分布式和可扩展的导航协议，该导航协议可以为三维传感器网络内的用户提供一个保证安全的导航路径。更具体地说，将导航问题表述为最小累积暴露问题，并设计一种基于骨架的导航协议（skeleton-based navigation protocol，SNP），它提供了一条具有近似最小累积危险暴露的安全路径。大量的仿真验证了该导航协议的有效性。

5.1　一维流形骨架导航协议的提出背景

传感器网络被看作物理世界和信息世界之间的新桥梁[1-3]。传感器相关技术的快速发展推动了人们对更复杂的传感器应用的需求的增长。导航是传感器网络的一个普遍应用，其中传感器网络主要是用作应急反应系统，而不是监控工具或数据采集介质[4-5]。更具体地说，当传感器检测到紧急或危险事件（例如，室内火灾或化学品泄漏）时，配备有通信设备（例如智能手机或平板电脑）的用户可由传感器网络引导从潜在危险区域疏散至安全出口。

关于传感器网络的导航应用已有大量研究[6-9]。尽管这些研究在二维环境上取得了成功，但到目前为止还没有针对三维传感器网络的导航设计的解决方案，即便摩天大楼室内监测、水下侦察或者三维隧道监测[10-14]受到越来越多的关注。基于建筑设计的快速和多样化发展，三维场景的室内导航，已经成为一项具有挑战性的任务。传统建筑由多层二维平面组成，导航本质上仍然是在二维空间。然而，如今设计师们追求具有奇特外观和室内空间布局优化，如图 5.1.1（a）所示，这就需要考虑如何在复杂的三维空间中进行导航。图 5.1.1（c）给出了另一个例子，即要对一个穿过三维水下环境的自治式潜水器（autonomous underwater vehicle，AUV）进行导航，避免与海底或水下暗礁碰撞，其中已部署的传感器节点可用于导航[15-16]。因此，提供一个能在三维场景下实用的导航解决方案至关重要，它可在危险来临时引导用户或者 AUV 穿过传感区域，如图 5.1.1（b）和图 5.1.1（d）所示。

另外，作为传感器网络的重要概括，骨架或中轴线[17-19]可以准确地捕捉感兴趣领域的拓扑特征，并且可以被视为导航的骨干路线。事实上，二维场景中的许多先前导航解决方案显式或隐式地利用基于骨架的导航，并且与其他导航方案相比，获得了更优异的性能[7-8]。遵循这条设计路线，本章将专注于三维传感器网络中基于骨架的导航服务。虽然在三维场景中执行基于骨架的导航应用看起来相对简单，但是由于一些固有挑战，实现基于骨架的导航异常困难。

（a）位于加拿大蒙特利尔的著名住宅区　　　　　（b）与住宅区同伦的导航场景

（c）60 kg 重的"Avalon"号潜水器　　　（d）潜水器穿越有障碍水域的导航场景

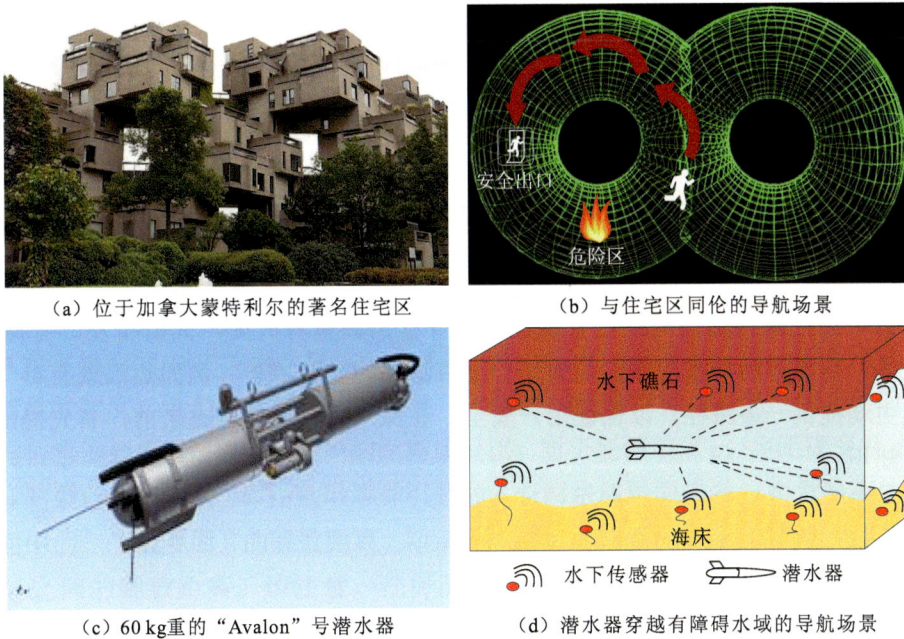

图 5.1.1　三维导航问题的说明性例子

现有的研究通常将骨架定义为具有至少两个最近的边界点的内部点。简单地将这个定义扩展到它们的三维对应物，将会得到一个二维流形骨架[图 5.1.2（a）中的面骨架[20]]，而不是一维流形骨架[图 5.1.2（b）中类似线骨架]。但是，二维流形骨架本身不适合导航应用。一维流形骨架可以直接视为网络中最安全的骨干路线以辅助导航，而二维流形骨架在理论上可产生无限个具有不同危险等级的不确定路线组成的曲面。所以二维流形骨架不一定能帮助导航用户远离危险。

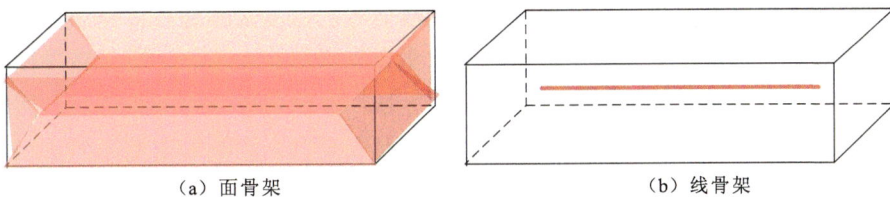

（a）面骨架　　　　　　　　　　　　（b）线骨架

图 5.1.2　三维物体的两种骨架

为了解决上述问题，本章提出了一种基于一维流形骨架的导航协议，旨在引导网络区域内的用户穿过三维传感空间到达安全出口。该导航协议在以下三个方面区别于以前的解决方案：①将导航问题定义为最小累积暴露问题，因为该方案基于这样一个事实，即在实践中，在三维传感空间累积暴露危险（例如，过热、有毒气体等）达到一定程度时才对用户造成严重损害[21-22]；②揭示了最小累积曝光路径与三维传感器网络的一维流形骨架密切相关，因此 SNP 是基于一维流形骨架而不是二维流形骨架。特别地，SNP 包航路径往往有更高的最大暴露危险，反之亦然。如图 5.2.1 所示，其中节点 G 危险度为 0.5，节点 F，A，B，C，D，E 危险度均为 0.33。具有最小最大暴露量的路径是 $F \rightarrow A \rightarrow B \rightarrow C \rightarrow D \rightarrow E$。所以在本章中，提出的 SNP 是三维传感器网络中基于一维流形骨架的导航协议。SNP 尽可能减少累积暴露，同时尽量降低最大暴露。有趣的是，在一维流形骨架的辅助下，具有最小累积危险的 SNP 的最优导航路径更有可能是具有最小最大暴露的路径。更具体地说，该方案是基于以下两点观察结果。

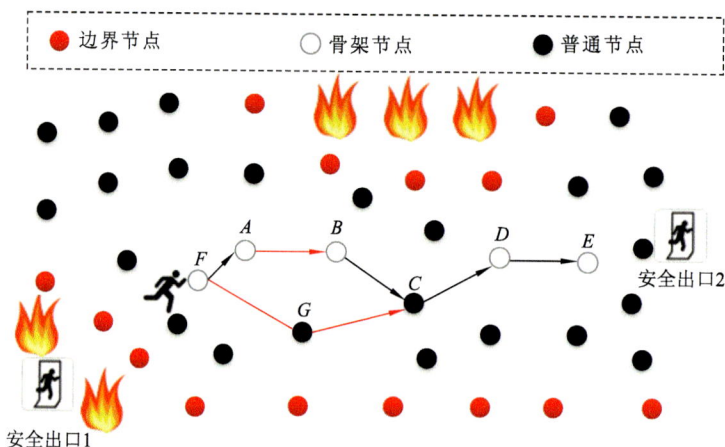

图 5.2.1　最小最大暴露量的路径示意图

观察 1：对于节点 V_1 及离其最近的一维流形骨架 V_2，从 V_1 到 V_2 的最短路径上的危险度是单调非递增的，随着距离变换的增加，危险函数越小。

观察 2：两个一维流形骨架节点之间的一维流形骨架，是给定危险函数时，其危险暴露值是连接两个骨架点所有路径中的最小值[27-28]。

结合这两点观察结果，可以让用户首先移动到最近的骨架节点，然后沿着一维流形骨架行走，直到用户到达安全出口。这样离初始位置与离其最近的一维流形骨架之间的最大危险程度不会超过初始位置（根据观察 1），而总危险程度可能很低（根据观察 2）。因此，可以揭示出以下命题。

命题 1：三维传感器网络的一维流形骨架有助于辅助用户在三维传感空间中的导航。

接下来，将详细介绍 SNP 的具体设计和实现，包括一维流形骨架提取及其在安全有保证的导航路径中的应用，而这些仅仅基于网络连接信息。

5.3　SNP 协议

前面已经提到，无论是成对的骨架节点之间，还是普通内部节点及离其最近的骨架节点之间的最小暴露路径，都与一维流形骨架密切相关。因此，在本节中，我们提出将三维传感器网络的一维流形骨架作为骨干，并设计一个轻量级的分布式导航协议。在确定网络边界后[26]，我们的协议包括三个主要步骤：一维流形骨架提取、路径规划和导航实现。

5.3.1　一维流形骨架提取

如上所述，一维流形骨架是本章所提出的导航协议的基础架构。虽然传感器网络中的少数骨架提取算法[17, 29-31]本质上借鉴了计算机视觉，但仅为二维传感器网络设计，不能直接扩展到三维场景。在本节中，将提出一种仅利用连通性信息的三维传感器网络中的分布式一维流形骨架提取算法。首先在连续域中引入一些符号，并说明一维流形骨架提取的原理，然后说明如何将其用于对应的离散场景。

在连续域中，一维流形骨架 C 可以定义为最大内切球的球心集[32-33]。如图 5.3.1 所示，其中蓝色实心矩形表示特征点，紫色实线表示测地线最短路径，红色实线为骨架。一维流形骨架点有两种，即一般骨架点和非一般骨架点。一般骨架点，如图 5.3.1（b）中的 x，正好有两个最近的边界点（又称特征点），它们之间有两条长度相同的测地线最短路径，而非一般骨架点[如图 5.3.1（c）中的 y]有两个以上的特征点。

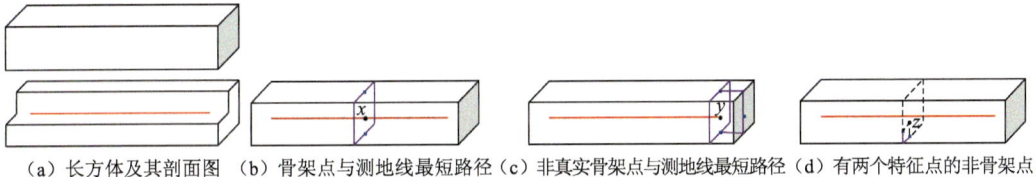

（a）长方体及其剖面图　（b）骨架点与测地线最短路径（c）非真实骨架点与测地线最短路径（d）有两个特征点的非骨架点

图 5.3.1　长方体的一维流形骨架

对于任何点，例如 z，用 $F(z)$ 表示它的特征点集，并设 $\Gamma(z)$ 为当 $|F(z)| \geqslant 2$ 时的成对特征点之间的测地线最短路径集。如果 z 只有一个特征点，那么定义 $\Gamma(z) = \phi$。此外，定义其亏格（genus）函数为 $G: \Gamma \to R$。那么有如下定理成立。

定理 1： 对于任何点 z，$z \in C \Leftrightarrow G(\Gamma(z)) \geqslant 1$。

很容易证明定理 1，因为只有一维流形骨架点才满足测地线最短路径形成一个或多个闭环。因此，为了确定一个点 z 是否是一维流形骨架点，可以检验 $\Gamma(z)$ 关于 ∂D 的亏格是否大于零。例如，可以从图 5.3.2 中推断出，x 和 y 是一维流形骨架点，而 z 不是一维流形骨架点。

接下来介绍在离散三维传感器网络中提取一维流形骨架。虽然连续空间的原理很明确，但在离散三维传感器网络中识别一维流形骨架节点并不容易，因为计算没有位置信息的测地线最短路径的亏格是一项具有挑战性的任务；此外，由于传感器网络具有离散性，还存在种种噪声。如图 5.3.2（a）所示，在边界面 S_1 和 S_2 上，内部节点 p 的两个特征节点 A 和 B 之间由于存在空洞（用阴影区域表示），产生了两条测地线最短路径（用实线和虚线表示）。多边形上的节点（用黑色闭合曲线表示），与两条测地线最短路径的距离小于 1 跳，形成扩张的 1 路径，而多边形内的边界节点生成扩张的 1 带。这种情况在稀疏传感器网络中普遍存在，使得正确识别三维传感器网络的骨架节点极具挑战性。我们的应对策略是构造测地扩张路径和扩张带（图 5.3.2）。接下来将详细讨论。

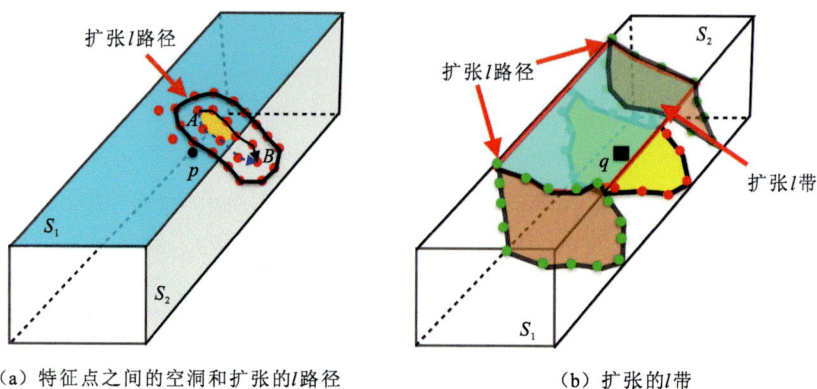

（a）特征点之间的空洞和扩张的l路径　　　　（b）扩张的l带

图 5.3.2　　一维流形骨架节点的识别

定义 1：对于任意 $l > 0$，定义测地扩张 l 路径为边界节点的集合，这些边界节点到测地线最短路径的最小距离为 l 跳。

定义 2：扩张的 l 带是由测地扩张 l 路径界定的边界节点集合，即与测地线最短路径的最小距离小于 l 的边界节点集合。

显然，对于一个普通的内部节点，如图 5.3.2（a）中的 p，扩张 l 带的边界节点，即测地扩张 l 路径，可以连接到一个分量；对于一般（或非一般）骨架节点，例如图 5.3.2（b）中的 q，有两个（或更多）连通分量。实际上，一般骨架节点 q 的测地线最短路径形成一个闭环（中间阴影区域的边界），两条扩张的 l 路径到测地线最短路径的最小距离为 1 跳，两条扩张的 l 路径之间的边界节点形成了扩张 l 带。因此，可以在三维传感器网络中识别一维流形骨架节点如下。

定义 3：如果扩张 $l(l \geqslant 1)$ 带的边界形成至少两个连接的分量，则节点 p 是一个一维流形骨架节点。

在此基础上，三维传感器网络一维流形骨架提取方法如下。首先，危险的边界节点，包括传感器网络的边界节点和危险区域，广播以提示危险存在的消息。然后，对于每个内部节点 p，计算其到危险边界的最小跳数距离 $d_h(p)$ 和危险程度 $\lambda(p) = \dfrac{1}{1 + d_h(p)}$，并记录其最近的边界节点（称为特征节点）$F(p)$。所以每个节点都从属于以边界节点为根节点的树（称为边界树，如图 5.3.3 所示）。由于三维传感器网络具有离散性，许多骨架节点可能只有一个特征节点，从而将自己标识为普通节点。因此，一维流形骨架有太多的不连续线段，将它们连接成有意义的一维流形曲线面临着重要的挑战。为此，我们作出适当修正，如果 q 到 p 的跳数距离与 $d_h(p)$ 相差 1 跳，则我们将边界节点 q 视为 p 的特征节点。然后，可以很容易地得到 $F(p)$ 中成对特征节点之间的测地线最短路径。如果扩张 l 带的边界至少有两个连通分量，那么 p 标识自身为一个一维流形骨架节点。由于一维流形骨架节点具有局部最大跳计数变换，所以，只有边界树的叶节点运行上述一维流形骨架节点的识别过程。这样可以显著减少通信开销。

值得注意的是，由于三维传感器网络具有离散性，并不能保证所识别的骨架节点本身是相互连接的。为了弥补这一缺陷，设计了一个分布式连接方案来连接已识别的骨架节点，以形成一维流形骨架。在这项工作中，将一维流形骨架作为骨干，以产生一个保证最小累积暴露的路径，并且两个骨架节点之间的最小暴露路径已被证明是一个一维流形骨架。所以，这些被识别出的骨架节点可以以一种贪心的方式进行连接。更具体地说，已识别的骨架节点在网络内启动洪泛；在接收到洪泛消息后，p 执行以下规则。

（1）如果 p 未收到洪泛消息，p 将发送方视为父节点，将危险程度的总和记录为总危险程度，并将消息转发给其邻居；

（2）否则，如果新收到的消息中包含的总危险程度较小，p 用新的发送方替换父节点，并将更新后的消息转发给其邻居；

（3）否则，p 将丢弃该消息。

对于一个骨架节点，它计算了洪泛消息的最小总危险程度，从而构造了两个骨架节点之间的贪心路径。与文献[17]、[18]、[32]相似，提取的骨架包含一系列冗余分支，最后修剪掉那些不需要的骨架分支，得出最终的一维流形骨架。见图 5.3.4（a），其中安全出口以红色矩形表示，实心白色矩形为安全骨架节点，实心蓝色节点表示存在危险事件。

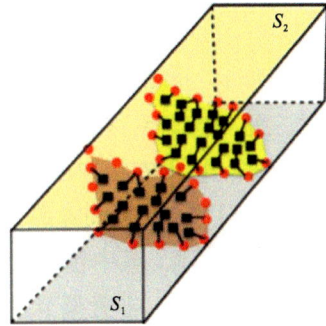

图 5.3.3　边界树构建

如果来自边界节点的洪泛以近乎相同的速度传播，则其特征节点位于骨架节点生成的测地线最短路径上的内部节点将大致落入由骨架节点和测地线最短路径确定的切片内。在这里，为清晰起见，我们只显示两个切片（由 S_1 和 S_2 之间的阴影区域表示）

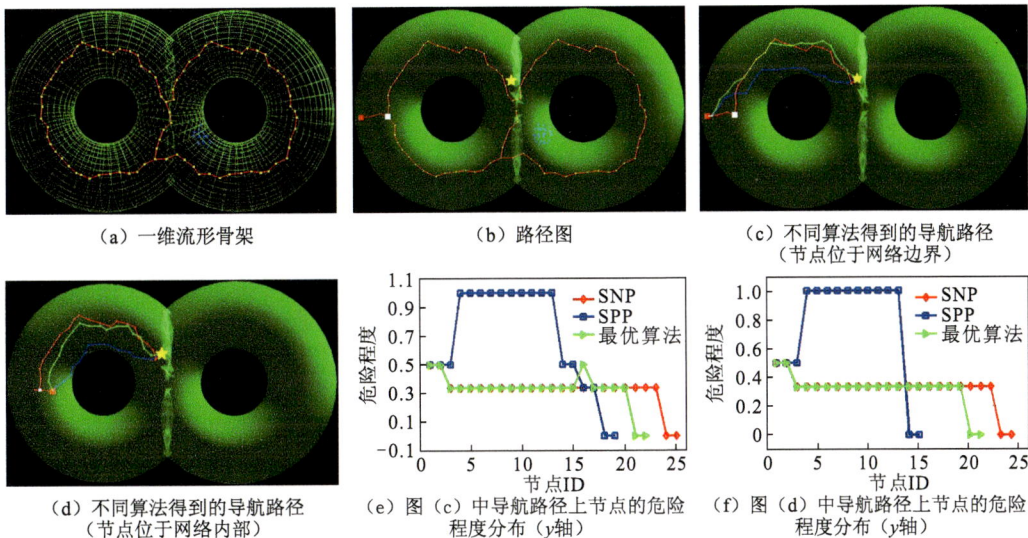

（a）一维流形骨架

（b）路径图

（c）不同算法得到的导航路径
（节点位于网络边界）

（d）不同算法得到的导航路径
（节点位于网络内部）

（e）图（c）中导航路径上节点的危险
程度分布（y 轴）

（f）图（d）中导航路径上节点的危险
程度分布（y 轴）

图 5.3.4　三维双环状网络中的安全导航

险度小于 1，而最优算法有近 200 条路线，SPP 约有 150 条路线。进一步观察到，由于 SPP 的 300 多条路线的总危险度最高（即大于 5），因此 SPP 的导航路线对于不规则形状的网络倾向于跨越边界节点。图 5.5.1（b）表示路线最大危险度的分布。SNP 约 300 条路线的最大危险度小于 0.3，500 多条路线的最大危险度为 0.3～0.4，只有大约 150 条路线的最大危险度为 0.4～0.5。由此可知，在 0.2～0.3 区间，最大程度上只有 100 条路线参与了最优路线。这是合理的，因为最优算法就是以寻找最小危险度路线为目标，而 SNP 试图强迫用户沿着一维流形骨架移动，从而远离危险。SPP 的结果是最差的：400 多条路线的最大危险度为 0.4～0.5，特别是最大危险度大于 0.5 的路线数达到 400 条以上。图 5.5.1（c）表示每个节点的危险度分布。SNP 和最优算法的每个节点平均危险度小于 0.2 的路线有 200 多条，小于 0.25 的路线有 900 多条，明显优于 SPP。

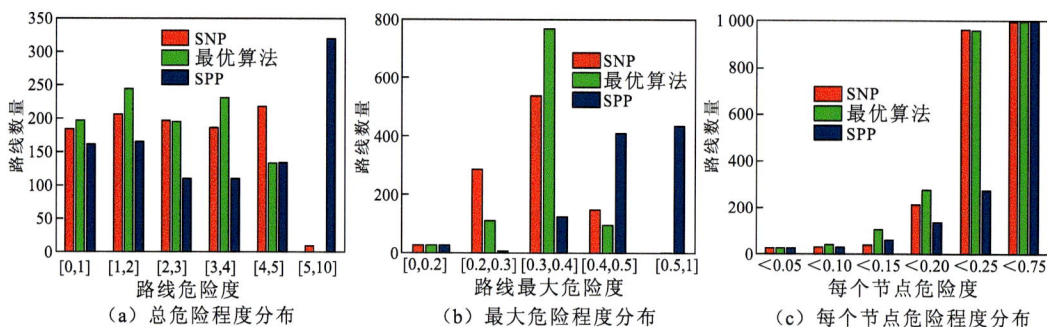

图 5.5.1　单出口双环面网络中 SNP、最优算法和 SPP 的对比

当安全出口的数量增加时，可以观察到类似的趋势，如图 5.5.2 所示，此时有更多的路线的总危险度较小。这是因为源节点有一个更近的安全出口以脱离（潜在的）危险。例如，在图 5.5.2（a）中，SNP 约 210 条路线的总危险度小于 1，约 230 条路线的总危险度为 1～2，而在图 5.5.2（b）和图 5.5.2（c）中，总危险程度小于 1 的路线分别有大约 230 条和 310 条，分别有约 300 条和 340 条路线的总危险度为 1～2。最优算法的结果均与 SNP 相关不大，SPP 的结果最差。综上所述，SNP 在总危险度、最大危险度和每个节点危险度等方面均优于 SPP。

5.5.2　对节点密度的鲁棒性

为了证明 SNP 对节点密度具有鲁棒性，对图 5.3.4 中的网络进行了模拟实验。通过调整通信无线电范围产生三种不同的节点密度，如图 5.5.3 所示。此时，有三个安全出口，这意味着有三个协议，特别是 SPP，将选择到最近出口的最短路线，所以路线危险度不会更大。模拟结果也证实了这一点，其中大多数路线都有一个较小的路线危险程度。然而，从路线危险度分布来看，SNP 的路线是更可取的，性能与最优算法相当，并且优于 SPP。总之，本节提出的协议总是产生一个接近最优的路线，可以保证安全，并且对节点密度不敏感。

（a）3个出口时的路线图、危险度
分布和最大危险度分布

（b）4个出口时的路线图、危险度
分布和最大危险度分布

（c）5个出口时的路线图、危险度
分布和最大危险度分布

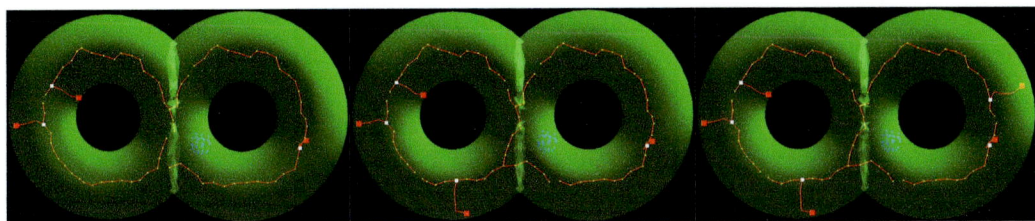

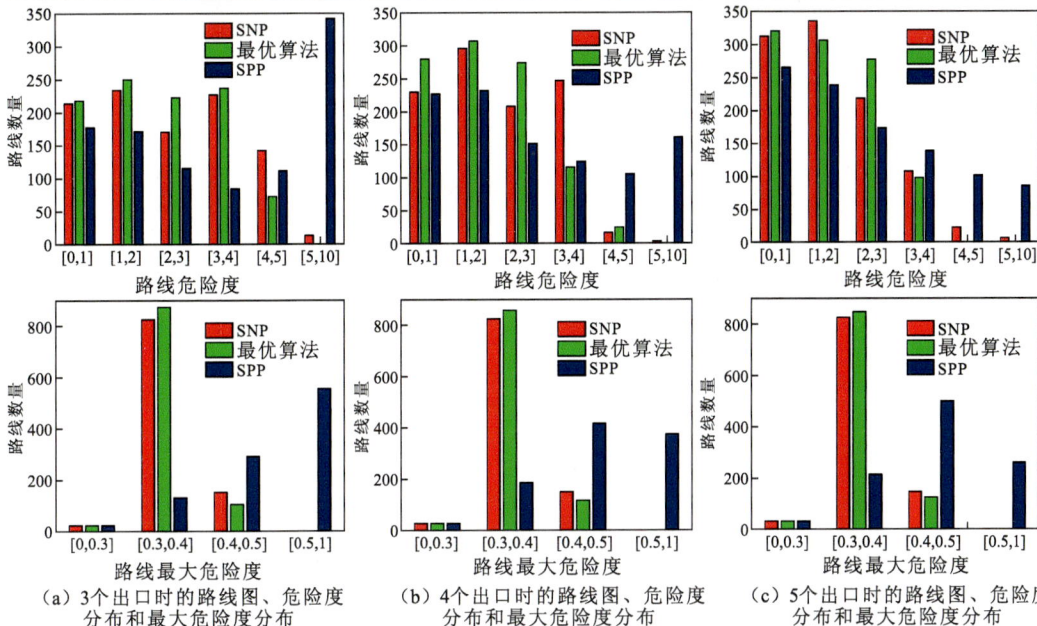

图 5.5.2　具有不同出口的双环状网络中的对比

从上到下：路线图、总危险度分布、最大危险度分布；从左到右：3 个出口、4 个出口、5 个出口

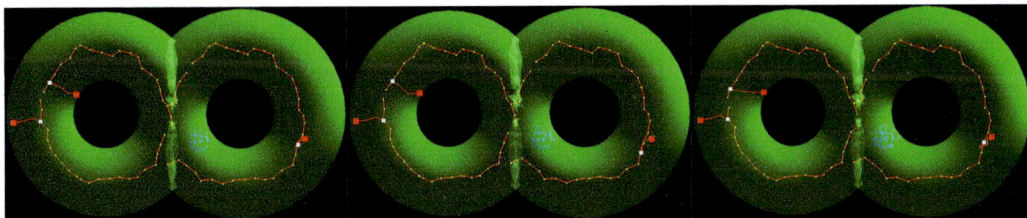

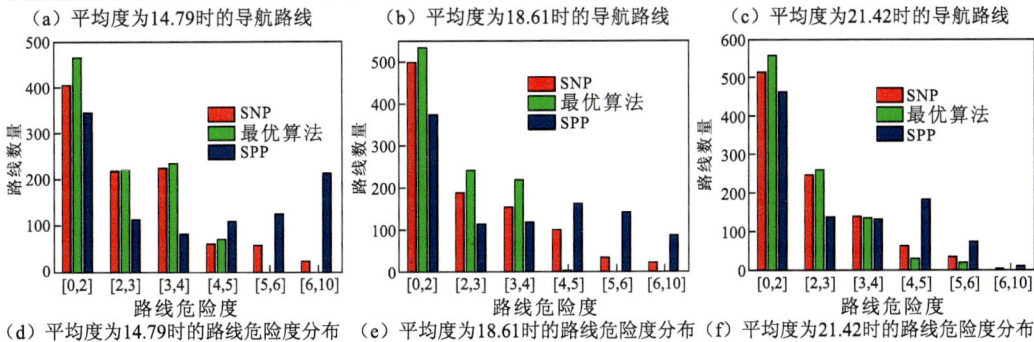

（a）平均度为14.79时的导航路线　　　（b）平均度为18.61时的导航路线　　　（c）平均度为21.42时的导航路线

（d）平均度为14.79时的路线危险度分布　（e）平均度为18.61时的路线危险度分布　（f）平均度为21.42时的路线危险度分布

图 5.5.3　不同网络密度下的对比

5.5.3 对形状变化的鲁棒性

为了展示 SNP 在不同场景下的性能，对建筑形网络、蛇形网络、H 形网络和 Y 形网络这 4 种不同形状的网络进行了仿真，见图 5.5.4。由于这四个网络比图 5.3.4 中的双环状网络"更薄"，所以，更多的内部节点接近（潜在的）危险区域。可以看到，这 4 种网络上的 SNP、最优算法和 SPP 的总危险度都大于双环状网络，且 SPP 的大部分导航路线跨越许多边界节点，总危险程度较大，而 SNP 和最优算法产生更安全的导航路线，二者结果相差不大，这意味着 SNP 不受形状变化的影响。

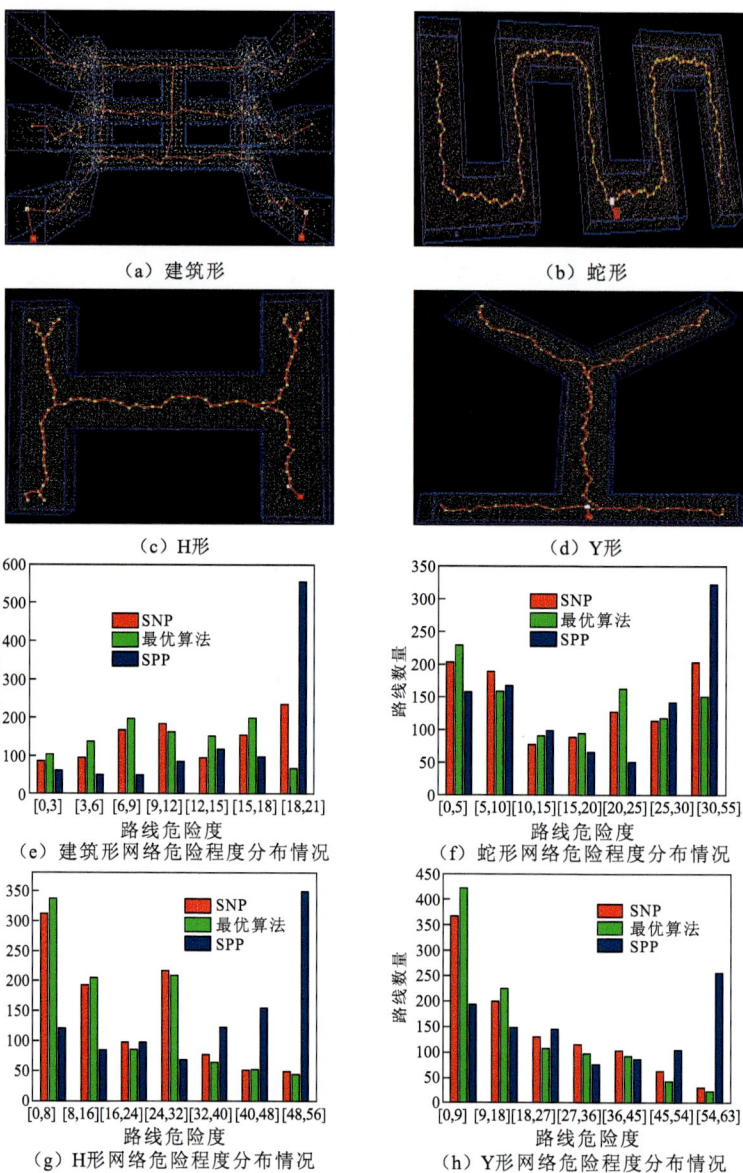

（a）建筑形

（b）蛇形

（c）H形

（d）Y形

（e）建筑形网络危险程度分布情况

（f）蛇形网络危险程度分布情况

（g）H形网络危险程度分布情况

（h）Y形网络危险程度分布情况

图 5.5.4　更多场景下的比较

表 5.5.1 描述了在所调查的网络设置下，SNP、最优算法和 SPP 的平均伸展比。可以看到，SNP 的平均伸展比略大，因为 SNP 的导航路线将"被迫"沿着一维流形骨架移动，以达到较低的累积危险度。但总地来说，三者差异很小，从 0.12 到 0.46 不等。此外，还可以观察到 SNP 的平均伸展比对安全出口的数量和形状的变化不敏感。

表 5.5.1　平均伸展比的比较

ASR	图 5.5.2（a）	图 5.5.2（b）	图 5.5.2（c）	建筑形	蛇形	H 形	Y 形
SNP	1.51	1.53	1.53	1.25	1.48	1.39	1.42
最优算法	1.11	1.07	1.07	1.13	1.15	1.14	1.14
SPP	1.00	1.00	1.00	1.00	1.00	1.00	1.00

5.5.4　骨架提取的计算成本和网络动态的反应时间

为了证明 SNP 能够快速计算用于紧急导航的一维流形骨架，计算了一维流形骨架提取的计算成本（表 5.5.2）和双环状网络中对网络动态的反应时间（图 5.5.5）。运行环境如下：微软 VisualStudio（C++）、IntelCorei5-2410M（2.30 GHz）和 4GRAM。表 5.5.2 显示了 5 种不同场景下的一维流形骨架提取的计算成本。可以观察到，正如定理 2 所证明的那样，计算成本与网络规模密切相关，但计算成本都低于 10 s，这对导航服务至关重要。图 5.5.5 分别展示了图 5.3.4 中双环状网络对危险事件扩展和消失的反应，以及它们的计算成本。其中可以看到算法的优点是对网络动态的反应时间都低于 1 s，这是因为它只涉及重建一维流形骨架的局部计算。

表 5.5.2　SNP 中一维流形骨架提取的计算成本

拓扑结构	双环状	建筑形	蛇形	H 形	Y 形
网络大小	2 406	3 638	4 081	3 861	4 239
计算成本/s	6.581	8.092	8.379	8.336	8.739

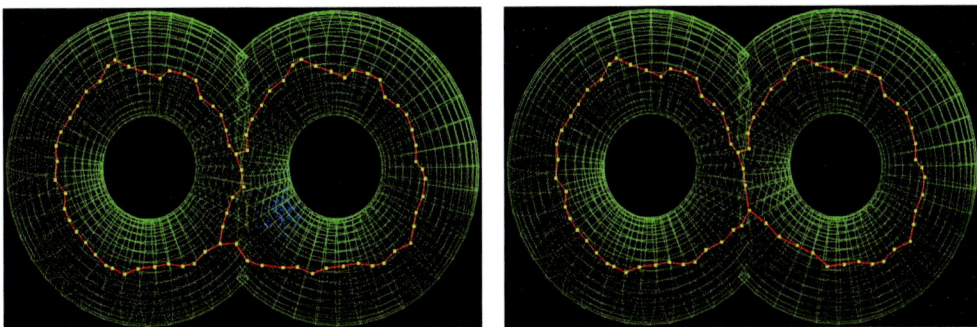

（a）危险事件扩展后重建的骨架，计算成本为0.245 s　　（b）危险事件消失后重建的骨架，计算成本为0.428 s

图 5.5.5　双环状网络对网络动态的反应时间

5.6　路线规划与导航研究现状

路线规划和导航本质上是跨学科的研究课题，所以在不同的学科中提出了大量的解决方案，例如在机器人[36]、计算几何[37]和医学[38]等领域。传感器网络面临的挑战在于，导航应该是分布式的，而位置信息往往是未知的。在本节中，只介绍与本章中所介绍的工作最相关的内容。

有学者开发了一种高效的方法来计算传感器网络中的最小暴露，旨在为传感器网络提供最坏情况下基于暴露的覆盖问题，而不是导航人类穿过监测区域。类似地，Veltri等[39]研究了在传感器网络中寻找最小和最大暴露路线的问题，并提供了一种单个传感器节点进行最小暴露的封闭解决方案。然而，由于导航问题是以安全为导向的，这两种解决方案都不可能引导内部用户到达安全出口。

Li 等[6]提出了一种基于潜在场的方案，该方案是分布式的，可以找到最佳安全路线。但是，人工势场的计算依赖于整个网络内的洪泛消息，因此不能很好地扩展到大规模网络。假设通信无线电模型遵循单位圆模型，Buragohain 等[7]提出利用网络的稀疏子集，即骨架图，在低通信成本的情况下获得次优安全路线。Wang 等[8]提出将中轴嵌入为一种路线图，并设计了一种路线图更新方案，以应对危险区域的动态变化。在路线图的引导下，内部用户可以通过发送本地查询找到到达安全出口的安全路线。Wang 等[9]提出利用水平集方法，避免导航过程中潜在的拥堵和弯路。然而，几乎所有现有的方法都只针对二维传感器网络，要扩展到三维场景远非易事。

5.7　结　　论

本章首次研究了三维传感器网络的导航应用，并提出了在存在危险事件时主动引导用户跨越感知区域移动的 SNP。将导航问题定义为最小累积暴露问题，并设计了一种基于一维流形骨架的导航协议，能够提供一条接近最优累积危险暴露的安全路径。大量的仿真验证了 SNP 的有效性和效率。

参 考 文 献

[1] AKYILDIZ I F, VURAN M C. Wireless Sensor Networks[M]. Hoboken, NJ, USA: Wiley, 2010.

[2] HE L, YANG Z, PAN J P, et al. Evaluating service disciplines for on-demand mobile data collection in sensor networks[J]. IEEE Transactions on Mobile Computing, 2014, 13(4): 797-810.

[3] XU E Y, DING Z, DASGUPTA S. Target tracking and mobile sensor navigation in wireless sensor networks[J]. IEEE Transactions on Mobile Computing, 2013, 12(1): 177-186.

[4] FISCHER C, GELLERSEN H. Location and navigation support for emergency responders: a survey[J].

IEEE Pervasive Computing, 2010, 9(1): 38-47.

[5] WANG L, HE Y, LIU W Y, et al. On oscillation-free emergency navigation via wireless sensor networks[J]. IEEE Transactions on Mobile Computing, 2015, 14(10): 2086-2100.

[6] LI Q, DE ROSA M, RUS D. Distributed algorithms for guiding navigation across a sensor network[C]// MobiCom'03: Proceedings of the 9th Annual International Conference on Mobile Computing and Networking, September 14-19, 2003. San Diego, CA, USA. New York: ACM, 2003: 313-325.

[7] BURAGOHAIN C, AGRAWAL D, SURI S. Distributed navigation algorithms for sensor networks[C]// Proceedings IEEE INFOCOM 2006. 25TH IEEE International Conference on Computer Communications, April 23-29, 2006, Barcelona, Spain. New York: IEEE, 2006: 1-10.

[8] WANG J L, LI Z J, LI M, et al. Sensor network navigation without locations[J]. IEEE Transactions on Parallel and Distributed Systems, 2013, 24(7): 1436-1446.

[9] WANG C, LIN H Z, JIANG H B. CANS: towards congestion-adaptive and small stretch emergency navigation with wireless sensor networks[J]. IEEE Transactions on Mobile Computing, 2016, 15(5): 1077-1089.

[10] CHENG Y P, WU C Y, TANG Y J, et al. Retrieval-guaranteed location-aware information brokerage scheme in 3D wireless ad hoc networks[J]. IEEE Transactions on Computers, 2013, 62(4): 798-812.

[11] ZHAO Y, WU H, JIN M, et al. Cut-and sew: A distributed autonomous localization algorithm for 3D surface wireless sensor networks[C]//MobiHoc'13: Proceedings of the 14th ACM International Symposium on Mobile ad hoc Networking and Computing, July 29-August 1, 2013, Bangalore, India. New York: ACM, 2013: 69-78.

[12] LI F, ZHANG C, LUO J, et al. LBDP: localized boundary detection and parametrization for 3-D sensor networks[J]. IEEE/ACM Transactions on Networking, 2014, 22(2): 567-579.

[13] MISRA S, OJHA T, MONDAL A. Game-theoretic topology controlfor opportunistic localization in sparse underwater sensor networks[J]. IEEE Transactions on Mobile Computing, 2015, 14(5): 990-1003.

[14] WANG C, JIANG H B. SURF: a connectivity-based space filling curve construction algorithm in high genus 3D surface WSNs[C]//2015 IEEE Conference on Computer Communications (INFOCOM), April 26-May 1, 2015. Hong Kong, China. New York: IEEE, 2015: 981-989.

[15] BINGHAM B, SEERING W. Hypothesis grids: improving long baseline navigation for autonomous underwater vehicles[J]. IEEE Journal of Oceanic Engineering, 2006, 31(1): 209-218.

[16] PAULL L, SAEEDI S, SETO M, et al. AUV navigation and localization: a review[J]. IEEE Journal of Oceanic Engineering, 2014, 39(1): 131-149.

[17] BRUCK J, GAO J, JIANG A A. MAP: Medial axis based geometric routing in sensor networks[C]// MobiCom'05:Proceedings of the ACM Annual International Conference on Mobile Computing and Networking, August 28-September 2, 2005, Cologne, Germany. New York: ACM, 2005: 88-102.

[18] JIANG H B, LIU W P, WANG D, et al. Connectivity-based skeleton extraction in wireless sensor networks[J]. IEEE Transactions on Parallel and Distributed Systems, 2010, 21(5): 710-721.

[19] XIA S, DING N, JIN M, et al. Medial axis construction and applications in 3D wireless sensor

networks[C]//2013 Proceedings IEEE INFOCOM, April 14-19, 2013, Turin, Italy. New York: IEEE, 2013: 305-309.

[20] LIU W P, YANG Y, JIANG H B, et al. Surface skeleton extraction and its application for data storage in 3D sensor networks[C]//MobiHoc'14: Proceedings of the 15th ACM International Symposium on Mobile ad hoc Networking and Computing, August 11-14, 2014, Philadelphia, Pennsylvania, USA. New York: ACM, 2014: 337-346.

[21] BALBUS-KORNFELD J M, STEWART W, BOLLA K I, et al. Cumulative exposure to inorganic lead and neurobehavioural test performance in adults: an epidemiological review[J]. Occupational and Environmental Medicine, 1995, 52(1): 2-12.

[22] ZHANG J F, SMITH K R. Indoor air pollution: a global health concern[J]. British Medical Bulletin, 2003, 68: 209-225.

[23] ZHOU H Y, WU H Y, JIN M. A robust boundary detection algorithm based on connectivity only for 3D wireless sensor networks[C]//2012 Proceedings IEEE INFOCOM, March, 25-30, 2012, Orlando, FL, USA. New York: IEEE, 2012: 1602-1610.

[24] JIANG H B, ZHANG S K, TAN G, et al. Connectivity-based boundary extractionof large-scale 3D sensor networks: algorithm and applications[J]. IEEE Transactions on Parallel and Distributed Systems, 2014, 25(4): 908-918.

[25] FLOYD R W. Algorithm 97: shortest path[J]. Communications of the ACM, 1962, 5(6): 345.

[26] DIJKSTRA E W. A note on two problems in connexion with graphs[J]. Numerische Mathematik, 1959, 1(1): 269-271.

[27] HASSOUNA M S, FARAG A A. On the extraction of curve skeletons using gradient vector flow[C]//2007 IEEE 11th International Conference on Computer Vision, October 14-21 2007, Rio de Janeiro, Brazil. New York: IEEE, 2007: 1-8.

[28] HASSOUNA M S, FARAG A A. Variational curve skeletons using gradient vector flow[J]. IEEE Transactions on Pattern Analysis and Machine Intelligence, 2009, 31(12): 2257-2274.

[29] JIANG H B, LIU W P, WANG D, et al. Connectivity-based skeleton extraction in wireless sensor networks[J]. IEEE Transactions on Parallel and Distributed Systems, 2010, 21(5): 710-721.

[30] LIU W P, JIANG H B, BAI X, et al. Skeleton extraction from incomplete boundaries in sensor networks based on distance transform[C]//2012 IEEE 32nd International Conference on Distributed Computing Systems, June 18-21, 2012, Macau, China. New York: IEEE, 2012: 42-51.

[31] LIU W P, JIANG H B, WANG C G, et al. Connectivity-based and boundary-free skeleton extraction in sensor networks[C]//2012 IEEE 32nd International Conference on Distributed Computing Systems, June 18-21, 2012, Macau, China. New York: IEEE, 2012: 52-61.

[32] DEY T K, SUN J. Defining and computing curve-skeletons with medial geodesic function[C]//SGP'06: Proceedings of the 4th Eurographics Symposium on Geometry Processing, June 26-28, 2006, Cagliari, Sardinia, Italy. New York: ACM, 2006: 143-152.

[33] RENIERS D, VAN WIJK J, TELEA A. Computing multiscale curve and surface skeletons of genus 0

shapes using a global importance measure[J]. IEEE Transactions on Visualization and Computer Graphics, 2008, 14(2): 355-368.

[34] SIVRIKAYA F, YENER B. Time synchronization in sensor networks: a survey[J]. IEEE Network, 2004, 18(4): 45-50.

[35] ZHU X, SARKAR R, GAO J. Shape segmentation and applications in sensor networks[C]// IEEE INFOCOM 2007-26th IEEE International Conference on Computer Communications, May 6-12, 2007, Anchorage, AK, USA. New York: IEEE, 2007: 1838-1846.

[36] YAO Z W, GUPTA K. Distributed roadmaps for robot navigation in sensor networks[J]. IEEE Transactions on Robotics, 2011, 27(5): 997-1004.

[37] DE BERG M. Computational geometry: algorithms and applications[M]. 2nd. Berlin: Springer, 2000.

[38] HE T S, HONG L C, CHEN D Q, et al. Reliable path for virtual endoscopy: ensuring complete examination of human organs[J]. IEEE Transactions on Visualization and Computer Graphics, 2001, 7(4): 333-342.

[39] VELTRI G, HUANG Q F, QU G, et al. Minimal and maximal exposure path algorithms for wireless embedded sensor networks[C]// SenSys'03: Proceedings of the 1st International Conference on Embedded Networked Sensor Systems, November 5-7, 2003, Los Angeles, California, USA. New York: ACM, 2003: 40-50.

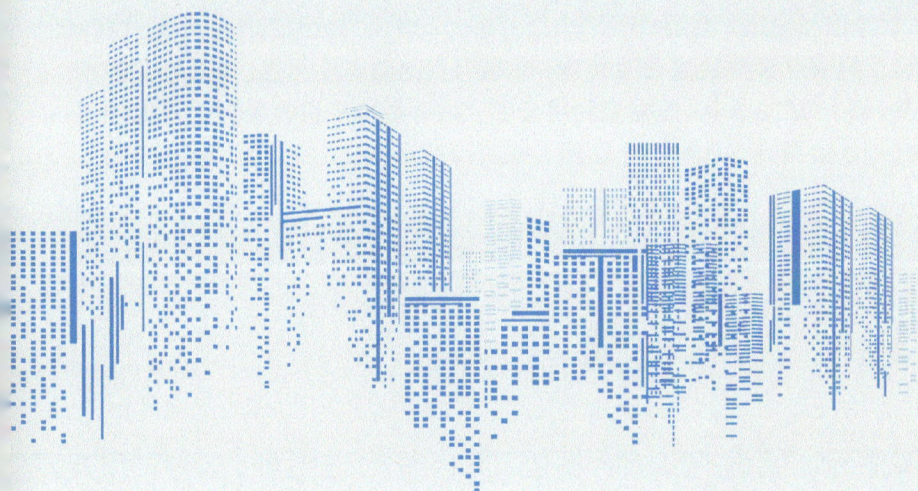

第 6 章 基于 Wi-Fi 感知的城市公交定位与到达时间预测

提供公交定位和到达时间预测服务对于公交乘客和交通管理机构（特别是在城市环境中）来说都有好处。但是，传统基于 GPS 的解决方案在城市地区受到"城市峡谷"影响而性能不佳，而基于蜂窝信号的定位系统也存在精度不高的问题。事实上，从第 2 章和第 3 章我们可以看到，室内定位实际上可以看作基于信号的空间划分和匹配问题。所以，本章提出了一种基于信号沃罗诺伊图（signal Voronoi diagram，SVD），将公交车驶入的 Wi-Fi AP 射频信号空间，分解成若干个信号单元，进而再分为粒度更小的片状结构，从而解决接收信号强度读数的波动性和 Wi-Fi 接入点的动态性问题。基于 SVD，提出了一个新的框架，称为 WiLocator。此框架利用公交上乘客智能手机收集到的周围 Wi-Fi 信息和公交车的移动约束条件（例如公交路线）来跟踪城市公交。为了预测公交的到达时间，还综合利用了计算出的位置信息和重叠路段上所有公交的行驶时间大致一致这个特性。

6.1　概　　述

如今，城市已成为许多重要交通（例如机场和铁路站场等）的终点站，这使得城市交通对有效支持人员和货物的流动至关重要。例如，仅在 2014 年，美国人（其中大多数是年轻人）就乘坐了约 108 亿次公共交通工具，而约 70%的墨西哥人则选择乘坐公共交通工具。因此，人口的流动性催生了一个观点，即城市的生产力高度依赖于公共交通系统。本章仅关注公交系统，这是因为与其他交通模式（例如轻轨或地铁）相比，公交系统覆盖了大部分的城市交通网络。但值得注意的是，公交系统更容易遭遇交通堵塞，尤其是在高峰时段。长时间等待公交显然影响了人们乘车体验。如果有类似公交在哪里、何时会到站之类的信息可用，这无疑可以减少乘客等待时间，从而提高乘车的效率[1]，反过来促进越来越多的人愿意乘坐公交，推动交通管理机构提供公交定位和到达时间预测的服务。综上所述，提供公交定位和到达时间预测服务可以实现公交乘客和交通管理机构的双赢。

为了提供这些服务，许多交通管理机构或第三方公司通常为每辆公交配备了一个支持全球定位系统（GPS）的自动车辆定位器。但遗憾的是，现实世界中基于 GPS 的公交定位和到达时间预测的方案，受到了基于 GPS 的设备众所周知的电量消耗大、不能被建筑遮挡、初始成本和运行成本高等限制，并不适合小规模的交通运输机构。尽管更强大的 GPS 设备不受这些限制，但设置和维护这些设备的成本依然很高，特别是对于发展中国家的公交公司来说难以承受。基于蜂窝基础设施[2, 3-4, 5-7]的替代方案，也存在一些问题，例如稳定的 Cell-ID 序列的捕获时间长，不同路线的重叠路段、蜂窝塔密度低等，使得基于蜂窝的方法也不是非常适合公交定位。

另外，Wi-Fi AP 现在已经密集地分布在城市公交路线的路段上。图 6.1.1 展示了加拿大温哥华的 Wi-Fi AP 分布。众所周知，有噪声的接收信号强度给定位带来了巨大的挑战。例如，现有的基于 Wi-Fi 的定位系统要么依赖位置指纹接收到的信号强度[8-17]，要么依赖信号传播模型[18]。但这些工作也会受到一些不利因素的影响，例如，位置指纹数据库的校准需要专业人员做大量工作，重构或替换等会带来 Wi-Fi AP 动态问题，而基于射频传播模型的方案，则严重影响定位精度。

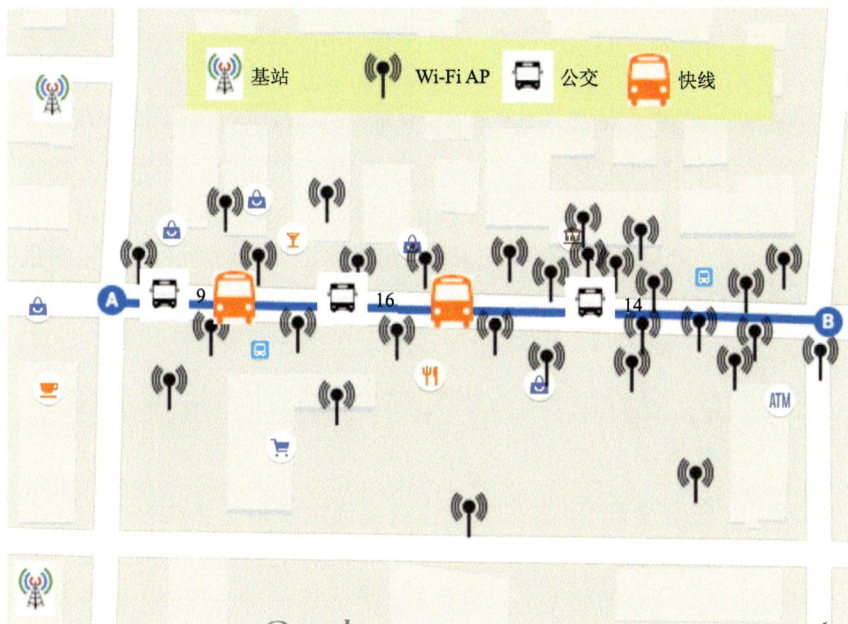

图 6.1.1　加拿大温哥华的 Wi-Fi AP 分布示意图

具有地理标记的 Wi-Fi AP（其纬度和经度在地图中标记）密集分布在城市道路周围，

其中多条公交路线共享一些重叠路段

　　观察到多个设备检测到的 RSS 相对位次（即秩）是相对稳定的，本章提出构建 SVD，以此将信号空间划分为粗粒度的信号单元（signal cell，SC），其中每个点从同一 AP（称为站点或发生器）接收最强信号，再进一步细分为细粒度的信号块（signal tile，ST）。在每个 ST 中，RSS 值的秩保持不变。在 SVD 的基础上，利用公交线路的移动约束和重叠路段公交的行驶时间一致性，设计了一种低能耗的新框架，称为 WiLocator，来实时跟踪和预测公交在城市环境中的到达时间。另外，还提出了 WiLocator 的一种变种方法 WiLocator(p)，它利用群智感知的历史数据来计算每个 Wi-Fi AP 占优的道路来跟踪公交车。与 WiLocator 相比，WiLocator(p)有更短的计算延迟和更高的计算延迟定位精度，但需要一个离线学习的阶段。

　　WiLocator 和 WiLocator(p)由三个部分组成：①由司机和公交乘客携带、用于群智感知的 COTS 智能手机。智能手机定期扫描周围的 Wi-Fi 信息，并上传到服务器；②后端服务器，将计算负担转移到服务器，包括 WiLocator 的 SVD 构建或 WiLocator(p)的道路计算，实时公交车跟踪，到达时间预测，交通地图生成和异常检测；③用户界面，包括实时公交车轨迹、时刻表和交通地图，可以随时提供给有需要的公交乘客。

　　综上所述，本章主要任务有以下几个方面。

（1）提出了基于 Wi-Fi AP 的信号沃罗诺伊图构建方法，将信号空间划分为粗粒度的 Wi-Fi 信号单元和细粒度的信号块，以处理不稳定的 Wi-Fi 信号。

（2）利用 SVD、公交线路的移动性约束和公交线路在重叠路段上行驶时间的一致性，设计了基于 Wi-Fi 感知的公交定位和到达时间预测框架 WiLocator。

（3）介绍了 WiLocator 的一个变体 WiLocator(p)，它利用公交车位置信息的历史数据来构建 Wi-Fi AP 占优的道路，这样我们就不需要从头开始定位公交车。此外，SVD 也可以应用于具有未知地理标签的 Wi-Fi AP 和室内定位场景。

（4）提出了一种新的方案来报告道路异常（如果有的话），并通过分析每个路段上行驶时间的统计数据，而不是根据不同路段的车速，来生成实时交通地图。

（5）搭建了一个 WiLocator 和 WiLocator(p)的原型，并进行了实验以测试公交定位和到达时间预测的效率。

6.2 公交定位与到达时间预测的提出背景

上一节提到，一些交通管理机构和第三方公司通过安装支持 GPS 的自动车辆定位器设备，来提供公交定位和到达时间预测的服务。然而，为每条公交车配备一个自动车辆定位器设备可能会导致高昂的初始和重复性成本[1]，这使得该解决方案在实践中可能难以实施，特别是对于许多只运营少数公共汽车的小型运输机构来说。所以，Biagioni 等[19]提出了在智能手机上运行的公交定位和到达时间预测系统 EasyTracker，该系统由司机携带或安装在公共汽车上。然而难点在于，GPS 耗电量巨大，同时，高层建筑或隧道遮挡了卫星信号视距（line of sight，LOS），从而产生"城市峡谷"效应，这使得基于 GPS 的跟踪系统在繁华城市环境中定位性能不佳。能耗与精度之间的平衡问题，推动了轻量化定位系统的发展，这种系统不是将精度要求降低到一个可接受的限度，就是根据一些提示来打开或关闭 GPS，或两者兼顾[20-22]。例如，根据基站号序列匹配来计算位置。虽然利用这些方法所产生的能耗相对低，但它们不能有效处理重叠路段的情况。此外，由于基站密度低且捕获时间长，无法获得稳定的基站号序列进行匹配。

如今，具有地理位置标记的 Wi-Fi AP 在现代大都市中广泛可见，例如酒店、餐馆等，这些 Wi-Fi AP 的经纬度都可以在地图中标记出来。Wi-Fi 网络可用于缓解蜂窝网络拥塞和提高服务质量[23]，已经被移动运营商用于数据卸载场景中，因此可以预见 Wi-Fi AP 的部署量将呈增长趋势，密集覆盖城市地区的大部分道路网络。与其他方法相比，基于 Wi-Fi 的公交车定位具有其独特优势。因为：①市区已经部署了足够多的 Wi-Fi AP，但传输范围有限导致其覆盖范围有限，所以合理利用来自周围 Wi-Fi AP 的 RSS 值可以得到较为准确的结果；②只需要几秒钟即可检索到必要的 Wi-Fi 信息，例如 Wi-Fi 名称、Mac 地址、RSS 等；③不受城市建筑结构的影响；④交通运输机构不需要额外的安装或维护费用，因为不涉及高昂的基础设施投资。尽管有这些优点，但不稳定的 Wi-Fi 信号、AP 的动态性和沿路段复杂的户外环境，以及现有的基于 Wi-Fi 的定位系统依赖于专业人员的校准工作或射频传播模型，且效率通常较低，这给公交定位带来了巨大的挑战。本章利用 SVD 这一强大工具来有效应对这些挑战。

除了在城市环境中密集分布的 Wi-Fi AP 之外，还得到另一个关键的观察结果，即不同的公交线路（例如，图 6.1.1 中的线路 9、14、16 和快速线路）可以共享连接相邻路口或终点的重叠路段。实验结果表明，同一公路段上不同公交线路的行驶模式（例如，与历史行驶时间相比是正常、更快还是更慢）表现出较高的时间相关性：如果 A 公交刚以正常速度经过一路段，那么下一班公交 B（不管它是哪路公交）也很可能以正常速度经过该路段，尽管它们在这段道路上的正常速度可能不同。显然，共享路段上刚经过的公交车行驶时间是最实时的，可为后面公交车辆提供准确的行驶时间。所以，通过利用刚刚经过给定路段的公交车的行驶模式，可以估计即将经过该路段的公交车的行驶时间，以及它在后续站点的到达时间。

基于上述观察结果，本章旨在利用群智感知用户携带的智能手机，来跟踪和预测公交车在城市地区的到达时间，并设计出具有高性价比、用户友好和可靠的系统，即 WiLocator 和 WiLocator(p)，它们要求感知用户的参与度最小。此外，两者的区别在于，WiLocator(p) 需要一个基于历史数据的离线学习阶段，从而可以产生更短的时间延迟，而 WiLocator 需要系统从头开始进行公交车跟踪。

6.3　基于信号沃罗诺伊图的公交车定位

6.3.1　信号沃罗诺伊图

沃罗诺伊图（Voronoi diagram，VD），也被称为沃罗诺伊棋盘型分布，根据到有限集的点（称为种子或生成器）的距离，将平面划分为被称为 Voronoi 单元的区域[2]。形式上，给定一个点集 $S = \{p_1, p_2, \cdots, p_n\}$，$p_i$ 对 $p_j (i \neq j)$ 的显性定义为离 p_i 不比 p_j 更远的子平面，即

$$\text{dom}(p_i, p_j) = \{x \in R^2 \mid d(x, p_i) \leqslant d(x, p_j)\}$$

其中，$d(x, y)$ 表示 x 和 y 之间的欧氏距离。由 p_i 生成的 Voronoi 单元用 $c(p_i)$ 表示，其定义是 p_i 对所有其他种子的显性的一个子平面，即

$$c(p_i) = \bigcap_{j=1,2,\cdots,n,\ j \neq i} \text{dom}(p_i, p_j)$$

两个相邻单元 $c(p_i)$ 和 $c(p_j)$（$i \neq j$）的交集上的点与 p_i 和 p_j 的距离都相等，它们形成一条 Voronoi 边 $e(p_i, p_j)$，两条 Voronoi 边相交的地方称为连接点。这些由点集 S 中的种子所生成的 Voronoi 单元的集合形成了平面的一种划分，即沃罗诺伊图，用 VD(S) 表示。

定义 1：给定空间 D 中的一个 Wi-Fi AP 集合 $P = \{p_1, p_2, \cdots, p_n\}$，用 SVD($D$) 表示 D 的信号沃罗诺伊图，它是基于在点 x 处的 RSS 强度来生成的对空间 D 的一种划分，其中

每个信号单元 $SC(p_i)$（$i=1, 2, \cdots, n$）是 p_i 对其他 Wi-Fi AP 的显性，即

$$SC(p_i) = \{x \in D \mid RSS(x, p_i) \geqslant RSS(x, p_j), j = 1, 2, \cdots, n, j \neq i\}$$

p_i 和 p_j 之间的信号 Voronoi 边（signal Voronoi edge，SVE），用 $SVE(p_i, p_j)$ 表示，它实际上是一个点集，满足 $SVE(p_i, p_j) = \{x \in D \mid RSS(x, p_i) = RSS(x, p_j)\}$。进一步，将两个或多个 SVE 相交的点称为汇聚点。

下面可能会交替使用 AP 和种子这两个术语。可以看出，SVD 与 VD 的不同之处在于这里的度量是 Wi-Fi AP 的 RSS，而不是欧氏距离[17, 24-25]。

在实际应用中，传输功率、环境等因素都会影响射频信号的传播，因此 SVE 不一定是直线，这使得只有在所有 AP 的所有这些参数都相等的理想情况下，SVD 才会与 VD 相同。因此，传统的沃罗诺伊图只是本章中 SVD 的一个特例。图 6.3.1 给出了关于 SVD 的一些直观解释。

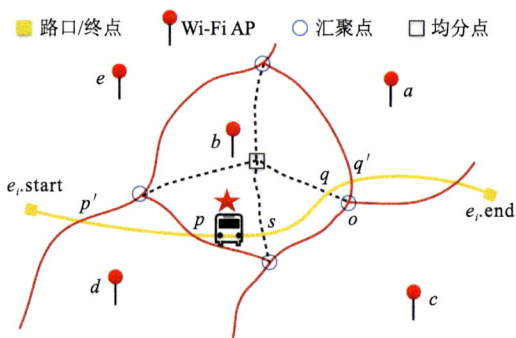

图 6.3.1　SVD 及其在公交车定位中的应用

Wi-Fi AP（路段 e_i 周围的 a、b、c、d 和 e）生成了 SVD，其中实线表示信号 Voronoi 边（SVE）；信号单元 $SC(b)$ 被划分为四个 ST。点 s、p、q 和 q' 分别是路段 e_i 与 $SVE(b, d)$，$ST(b, d) \cap ST(b, c)$，$ST(b, c) \cap ST(b, a)$ 和 $SVE(b, a)$ 的边界的交点。红星代表 $ST(b, d)$ 的质心，通过将质心映射到路段来推断公交车位置（由公交车形状表示）

事实上，每个信号单元中的点，与其他种子之间的 RSS 的差异被忽略了。例如，对于任何 $x \in SC(p_i)$，$RSS(x, p_j)$ 和 $RSS(x, p_k)$（$i \neq j \neq k$）之间的关系（或秩的大小）无法界定。为此，我们可以进一步将每个 SC 划分为更细粒度的子区域，即信号块（ST），其定义如下。

定义 2：对于给定的信号单元 $SC(p_i)$，假设其与种子集合

$$P_i = \{p_{n_1}, p_{n_2}, \cdots, p_{n_i}\}(n_j \neq i, j = 1, 2, \cdots, i) \subseteq P$$

有 n_i 个相邻的信号单元，$SC(p_i)$ 的一个信号块 $ST(p_i, p_{n_j})(j = 1, 2, \cdots, i)$ 被定义为 p_{nj} 在 $SC(p_i)$ 中相对于 p_i 中其他种子的显性。即，

$$ST(p_i, p_j) = \{x \in SC(p_i) \mid RSS(x, p_{n_j}) \geqslant RSS(x, p_{n_k}), k = 1, 2, \cdots, i, k \neq j\}$$

或

$$ST(p_i, p_j) = \{x \in D \mid RSS(x, p_i) \geqslant RSS(x, p_{n_j}) \geqslant RSS(x, p_{n_k}), k = 1, 2, \cdots, i, k \neq j\},$$

其中至少有一个不等式成立，因为信号块不是空集。

特别地，将两个相邻信号块的交点称为块边界，并将两个及以上块边界的交点称为均分点（见图 6.3.1）。显然，每个信号单元中的信号块的集合形成了空间 D 的一个更精细的分区，即所谓的二阶 SVD，因此每个信号块也被称为二阶信号单元。可以通过对每个信号块进行类似的分割来推导出高阶 $\mathrm{SVD}(p_i)$，直到得到 n_i' 最佳信号块 $\mathrm{ST}(p_i, p_{n_1'}, p_{n_2'}, \cdots, p_{n_i'})$，使得基于可用的 **RSS** 向量无法再进行划分，其中 $(n_1', n_2', \cdots, n_i')$ 的排列值为 $(n_1, n_2, \cdots, n_i)$。

命题 1：对于任何 $x \in \mathrm{ST}(p_i, p_{n_1'}, p_{n_2'}, \cdots, p_{n_i'})$，以下不等式成立：

$$\mathrm{RSS}(x, p_i) \geqslant \mathrm{RSS}(x, p_{n_1'}) \geqslant \mathrm{RSS}(x, p_{n_2'}) \geqslant \cdots \geqslant \mathrm{RSS}(x, p_{n_i'})$$

即，RSS 值在每个信号块内都是按顺序排列的。

众所周知，RSS 值是非常不稳定的，即使在某固定点上，其波动幅度也可能超过 10 dBm，这使得 RSS 值本身不那么重要。然而，来自不同 AP 的 RSS 的排名（即秩）相对稳定，根据命题 6.1，依据从周围 Wi-Fi AP 收集的 **RSS** 向量，可以很容易地推断出移动设备所在的信号块，并将该信号块的质心作为设备当前位置（例如，在图 6.3.1 中，当 AP b 和 AP d 的 RSS 值分别为最大和次最大时，设备位置由星形符号表示）。值得注意的是，这里并不需要手动校准，也不依赖射频传播模型。显然，基于秩的定位的精度取决于设备所在的信号块，它取决于 Wi-Fi AP 密度和 SVD 的阶数。所以有以下命题。

命题 2：基于高阶 SVD 的定位方案将提供更准确的结果。

命题 3：基于更多接入点构建的 SVD 将具有更高的定位精度。

有了这些特性，接下来我们将把构建的 SVD 应用于基于 Wi-Fi 感知的实时公交定位。

6.3.2　基于 SVD 的公交车定位系统 WiLocator

如前所述，公交线路路段密集分布着带有地理位置标记的 Wi-Fi AP，足以构建精细的 SVD，确保公交位置的准确性。然而，一般来说，单单 SVD 本身是无法精确确定公交车的位置。例如，在图 6.3.1 中，根据 RSS 秩列表的 AP 序列为 (b, d, a)，我们可以推断当前的公交车位置在信号单元 SC(b) 内，或者更准确地说，在信号块 ST(b, d) 内。然而，ST 的质心可能并非在公交线路路段上。由于公交通常会严格遵循常规路线，而这可以很容易地从交通机构的网站下载。有了这种移动性约束，可以将公交车位置估计范围缩小到道路路网中的某个路段，其定义如下。

定义 3（道路网络）：道路网络是一个有向图 $G(V, E)$，其中 V 是与路口和终点相对应的顶点集，边集 E 表示两个相邻顶点 $v_i(.\mathrm{start})$ 和 $v_i(.\mathrm{end})$ 之间有向路段的集合，$1 \leqslant i \leqslant |V|$。

定义 4（公交线路）：公交线路 R 是一个连通且有方向性的路段序列 $e_1 \to e_2 \to \cdots \to e_n$，其中起点 s_1 和终点 s_n 分别位于 e_1 和 e_n 上，且 $e_i.\mathrm{end} = e_{i+1}.\mathrm{start}$，$1 \leqslant i \leqslant n$。

如图 6.3.2 所示，为了推导公交车位置，定义了从信号块到相应路段的信号块映射如下。

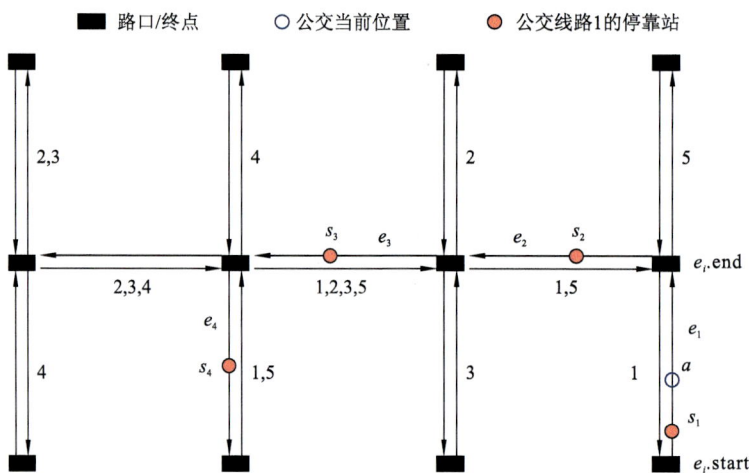

图 6.3.2　道路网络和公交线路（由数字表示）

定义 5（信号块映射）：设 $ST(p_i, p_{nj})$ 为公交车当前所在的信号块，e_{ij} 为路段 e_i 在 $ST(p_i, p_{nj})$ 中的一个子路段。我们定义信号块映射 $F{:}ST(p_i, p_{nj}) \to e_{ij}$ 满足 $F(ST(p_i, p_{nj}))=p_{ij}$，其中 p_{ij} 是 $ST(p_i, p_{nj})$ 质心到 e_{ij} 的最近点。

因此，利用二阶 SVD 可以将路段划分为更短的子路段，从而可以确定公交车具体在哪个信号块，然后将此信号块映射到信号块内部的道路子段，以推断公交车位置。例如，在图 6.3.1 中，如果 RSS 秩列表是 (b, d, c)，那么可推断公交车在 p 和 s 之间，如果秩列表为 (b, a, c)，则公交车应在 q 和 q' 之间。当有更多的 AP 时，定位结果也会更准确，因为每个信号单元可以被划分为更多的信号块，所以每个信号块内的路段都可以被划分为更短的子路段。

由于 RSS 值存在噪声，公交车可能被错误估计在与道路没有交集的信号块，如图 6.3.1 中的 $ST(b, e)$。在这种情况下，可以简单地将这个信号块映射到与相邻信号块相交的道路的最近点上，然后用上面的方法来推断公交车的位置。例如，可以将 $ST(b, e)$ 的质心映射到 p 和 s 之间的道路上。

需要注意的是，来自不同 AP 的 RSS 值可以具有相同的秩，在这种情况下，位置估计要容易得多。在图 6.3.1 中，如果 a（或 d）的秩等于 b 的秩，则 q'（或 p）将是公交车的估计位置。如果 a，b，c 的 RSS 秩相等，$SVE(a, b)$ 和 $SVE(a, c)$ 的交点 o 将是理论上的最佳估计位置，但是，由于公交车必须在道路上行驶，所以我们将交点 o 投影到路段 e_i，并将投影点视为估计的公交车位置。

假设 (x_g, y_g) 和 (x_e, y_e) 分别是公交车的真实位置和估计位置，我们将定位误差定义为 (x_g, y_g) 和 (x_e, y_e) 之间的道路长度，例如，在图 6.3.3 中误差等于 $|x_g - x_e|$。其理由是：①确定公交车在哪个车道上并非易事；②在实践中，对于公交乘客来说，车道间的差异可以忽略不计。

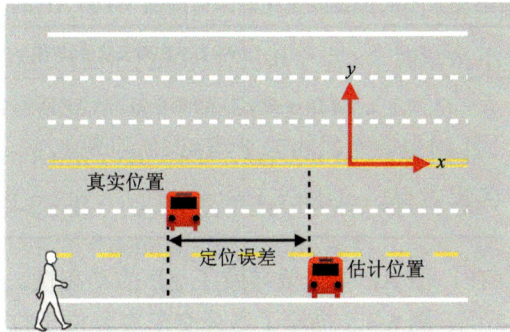

图 6.3.3　公共车在一个路段上的定位误差的计算

实践中，Wi-Fi AP 可能会发生动态变化，例如，功能失效或被替换等，但基于 SVD 的定位算法不受这种动态变化的影响。例如，在图 6.3.1 中，假设 AP b 不存在了，周围的 Wi-Fi AP 现在变成了 a，c，d 和 e，此时 SVE(b, a)，SVE(b, c)，SVE(b, d) 和 SVE(b, e) 不复存在，而其他的信号沃罗诺伊边，即 SVE(a, c)、SVE(a, e)，SVE(c, d) 和 SVE(c, e)，以及 SC(b) 中信号块由虚线表示的边界线，它们一起形成新的信号沃罗诺伊边，它们之间的均分点（用空心矩形表示）将作为新 SVD 中的交点。因此可以进一步构造出二阶 SVD，并以类似上述方法，可以从可用的 AP 中根据 RSS 的秩来推断公交车位置。进而可知，这样估计出的位置将离真实位置不远。

为了展示基于 SVD 的定位方法是如何工作的，在大学校园的一个路段上进行了实验。在那里，Wi-Fi AP 的部署几乎和在城市环境中一样密集。当乘坐的公交车经过不同的位置，即图 6.3.4 中标记的 A、B 和 C 时，测量了周围 Wi-Fi AP 的 RSS 值，结果如表 6.3.1 所示。公交的运行速度大约是 10 km/h。据此，对 RSS 值进行排序，并根据排序构造二阶 SVD，最终位置 A、B 和 C 处的定位误差均为 2 m。

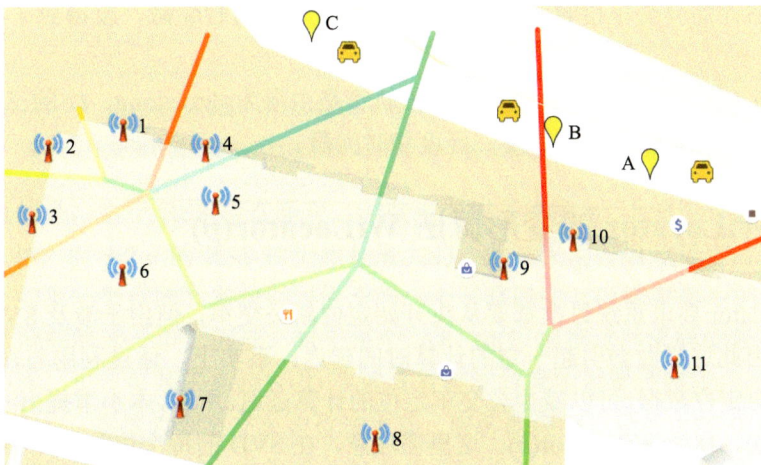

图 6.3.4　某大学校园的实验场景

位置 A、B、C 是公交真实位置，估计位置用黄色公交车形状标记

值得注意的是，与 WiLocator 相比，WiLocator(p)需要一个学习阶段，方案利用了与每个 Wi-Fi AP 相关的历史定位数据。通过增加模型学习的额外成本，可以减少公交车位置估计和到达时间预测延迟。

WiLocator(p)的另一个优点是，方案利用了历史数据，因而具有更高的定位精度。但是，当没有历史数据可用时，WiLocator(p)不再有效，在这种情况下，采用 WiLocator 进行公交车定位。

6.4 公交车到达时间预测

在本节中将详细介绍基于 SVD 的公交车定位在到达时间预测中的应用。由于具有相同连续站点的公交通常共享重叠的路段，而共享重叠路段的公交不一定有相同的停靠站点，由此提出了基于路段的方案，其优势是利用具有相同/不同线路的公交车的最近行驶时间来预测到达时间，而不是像其他解决方案只使用相同线路的行驶时间。为此，首先获取这些公交线路的每个重叠路段的历史和最近的行驶时间，然后进行汇总，以估计公交在后续站点的到达时间。

以图 6.3.2 为例，线路 1 的当前公交位置用空心圆标记，实心长方形表示公交线路 1 的后续站点。在定位公交车后，要确定当前位置和目标站点之间是否共享重叠的路段，并根据这些线路的历史和近期数据（如果有其他线路与线路 1 共享道路段）估计从当前位置到当前道路段终点再到后续路段的行驶时间。在当前的 e_1 路段，只有线路 1 的公交行驶，由于在 e_1 上没有其他线路的公交行驶，所以使用线路 1 的历史和最近（如果有）数据。随后，发现有两条线路，即线路 1 和线路 5 共享路段 e_2；如果线路 1 和线路 5 的公交车刚刚经过 e_2，可以使用线路 1 和线路 5 的历史数据，以及它们的最长行驶时间来估计线路 1 的下一班公交车沿着路段 e_2 行驶需要的时间。

接下来，只讨论如何估计公交线路在单一路段上的行驶时间。具体地说，假设有 $K(K>1)$ 条公交线路 $R_1, R_2, \cdots, R_K$ 共享同一路段 e_i。为了预测即将到来的公交车（例如线路 R_1）在 e_i 上的行驶时间，假设最近有 $K'(K' \leqslant K)$ 条线路的 J 辆公交车经过 e_i，我们分别用 $T_h(i,j)$ 和 $T_r(i,j), j \in (1,J)$ 表示公交车的历史行驶时间和最近行驶时间。影响行驶时间的因素有很多，包括天气状况、驾驶方式、上下车人数、在该路段是否停靠、意外事故等，将所有这些因素合并到一个模型中会导致计算量过大。因此将它们分为两类：公交线路相关因素和环境相关因素。前者与每条公交线路有关，而后者为同一路段的所有线路共享，往往不受任何公交线路的影响。将其建模为服从高斯分布 $N(\mu_i, \sigma^2)$ 的随机变量。因此，线路 R_j 在 e_i 上的行驶时间可表示为：

$$T_r(i,j) = \mu_{i,j} + \varepsilon_i$$

其中，$\mu_{i,j}$ 为线路 R_j 在路段 e_i 上的行驶时间的平均值，其无偏估计为 $T_h(i,j)$，即

$E[T_h(i,j)] = \mu_{i,j}$，其中 $E(\ )$ 表示对大量历史数据的期望。因此，上述方程可以重写为

$$T_r(i,j) = T_h(i,j) + \hat{\varepsilon}_i$$

其中，残差 $\hat{\varepsilon}_i$ 是 ε_i 的无偏估计量，即 $E(\hat{\varepsilon}_i) = \mu_i$。然后，$R_1$ 线路在路段的行驶时间可以估计为

$$T_p(i,1) = T_h(i,1) + \frac{\sum\limits_{j=1,\cdots,J} \{T_r(i,j) - T_h(i,j)\}}{J} \tag{6.4.1}$$

式中，右边的第二项是对 $\hat{\varepsilon}_i$ 的估计。

通常，一个工作日有两个显著的高峰时间段，一个是在早上，一个是在下午，这两个时间段中，环境相关因素将会引起很大的变化 σ^2。因此，可以将工作日划分为多个服务时段，例如上午非高峰时段、早高峰时段、下午非高峰时段、下午高峰时段等，并估计每条公交线路的平均历史行驶时间。然后，在每个时段内，以类似的方式建立一个预测模型。

需要注意的是，不同路段的高峰时间可能出现在不同的时间。为此，可以通过历史数据来计算季节性指数，从而计算何时为高峰时段。季节性指数是统计学中确定经济现象是否存在季节性周期（或周期性）的一个度量指标。假设每天被划分为 L 个时段，一共观察了 M 天的公交运行时间。在第 $m(1 \leqslant m \leqslant M)$ 天，对路段 $e_i(1 \leqslant i \leqslant n)$ 上行驶的每条公交线路 $R_j(1 \leqslant j \leqslant K)$，其在时段 $l(1 \leqslant l \leqslant L)$ 处的行程时间用 $T(i,j,m,l)$ 表示。令 $\overline{T}(i,\cdots,l)$ 表示所有在时段 L 在路段 e_i 上的所有公交线路的平均行驶时间。也就是说

$$\overline{T}(i,\cdots,l) = \frac{\sum\limits_{m=1,\cdots,M,j=1,2,\cdots,K} T(i,j,m,l)}{MK}, \qquad \overline{T}(i,\cdots) = \frac{\sum\limits_{j=1,2,\cdots,K,m=1,\cdots,M,l=1,\cdots,L} T(i,j,m,l)}{MKL}$$

因此，定义时段 l 的季节性指数 $\mathrm{SI}(i,l)$ 为

$$\mathrm{SI}(i,l) = \frac{\overline{T}(i,\cdots,l)}{\overline{T}(i,\cdots)}$$

因此可有

$$\sum\limits_{l=1,\cdots,L} \mathrm{SI}(i,l) = L, \quad \mathrm{SI}(i,l) > 0$$

如果对于任何 $l \in [1,m]$ 都有 $\mathrm{SI}(i,l) = 1$，那么行驶时间不存在周期性；如果 $\mathrm{SI}(i,l) \gg 1$，表明行驶时间要比平均水平长得多，那么时间段 l 可能是高峰时段。将具有相似季节性指数的连续时段分组到一个更大的时段中，这样每天可以被分成更少的时段，以增加预测到达时间的样本量。然后，对于时段 l 内的任何时间 t，可以将方程（6.4.1）改写为：

$$T_p(i,j,t) = T_h(i,j,l) + \frac{\sum\limits_{k=1,\cdots,K} \{T_r(i,k,l) - T_h(i,k,l)\}}{K}$$

假设在时段 l 内的时间 t，路线 j 的公交车位于路段 e_i 上的位置 a 处，则在路段 e_n（$n > i+1$）上到站 s_n 的时间估计为

$$T_e(sj) = \frac{T_p(i,j,t)d_r(p,e_i.\text{end})}{d_r(e_i.\text{start},e_i.\text{end})} + \sum_{k=i+1}^{n-1} T_p(i,j,t) + \frac{T_p(n,j,t)d_r(s_n,e_n.\text{end})}{d_r(e_n.\text{start},e_n.\text{end})} \qquad (6.4.2)$$

式中，$d_r(x,y)$ 表示 x 和 y 之间的道路长度。对于 $n=i+1$，式（6.4.2）右侧的中间项可忽略。当预测目标路段或停靠点远离当前位置时，到达时间可能落在另一个时段中时，系统将分时段进行计算。

6.5 原型构建和实验结果

6.5.1 原型构建

本节只关注 WiLocator 的系统设计，因为 WiLocator(p) 只是其扩展。WiLocator 主要由对应于感知、处理和应用的三个模块组成，即基于 Wi-Fi 的公交车定位、到达时间预测和交通地图生成，如图 6.5.1 所示。

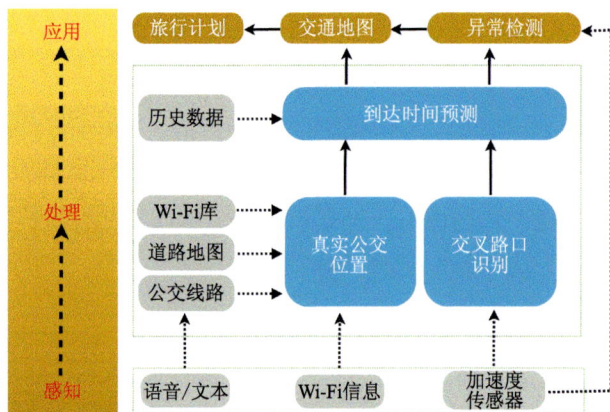

图 6.5.1　公交定位系统架构图

模块 1：基于 SVD 的公交车定位。假设公交线路可以很容易地识别，例如，基于乘客对广播的语音识别或驾驶员输入的文本。驾驶员和公交车乘客的智能手机定期扫描可用的 Wi-Fi 信息，并上传至后端服务器。服务器根据周围每个 Wi-Fi AP 的 RSS 值的平均秩构建 SVD，并利用公交车的移动性约束，产生一个估计位置。

模块 2：到达时间预测。对于公交线路上的每个后续路段，利用该路段上的相同/不同路线的历史和最近的行驶时间来估计下一班公交车在该路段的行驶时间，并根据每个路段的估计行驶时间，计算出公交在后续站点的到达时间。

模块 3：交通地图生成。由于不同的路段可能会有不同的限速，WiLocator 不使用车辆速度，而是分析每个路段上行驶时间的统计数据，以生成实时交通地图并报告交通异常情况。

可以看出，在 WiLocator 中，整个计算任务被转移到了服务器上，也不需要来自驾驶员/乘客的参与。接下来详细介绍 WiLocator 的原型实现，然后进行实验评估。

（1）公交线路识别。WiLocator 的第一步是识别公交线路。基于基站匹配的方案在与其他线路重叠的路段无法对公交路线进行正确分类，这在城市地区很常见，因此这些路段的站点到达时间难以获得。事实上，当公交启动时，通常会播报线路名称，包括它的路线和目的地。因此，可以很容易地根据乘客的智能手机记录的语音来提取线路信息和它的起止站点。

（2）实时公交跟踪。WiLocator 的核心是定位公交车，步骤如下：①当 WiLocator 系统启动时，智能手机会定期扫描周围的 Wi-Fi 信息，包括路由器名称、Mac 地址和 RSS 值，并将信息连同时间戳一起上传到后端服务器；②后端服务器对 RSS 值进行排序，然后构造 SVD 以确定公交车在哪个信号单元中，然后将信号单元划分为信号块；③通过从公交管理机构和地图运营商分别下载的路线信息和道路地图，WiLocator 将公交所在的信号块映射到公交路线的子路段，从而推断出公交位置。

（3）到达时间预测。WiLocator 对时间的预测分为两个阶段，即离线训练和在线预测。

离线训练。对于每个路段，服务器根据历史行驶时间计算季节性指数，并确定是否存在季节性。如果存在季节性，服务器将把这一天划分为多个时间段，在每个时间段内，假设该路段上的公交线路的行驶时间都遵循相同的概率分布。

在线预测。根据估计位置和对应的时间戳，服务器估计其在后续站点时的到达时间。首先，它发现有多少辆公交车行驶在该公交的后续路段上，并计算每辆公交车的行驶时间。为此，需要计算前一辆公交车何时到达该路段的起点以及何时离开，因为 Wi-Fi 信息扫描时间和到达交叉路口的时间之间可能存在差距。一般有两种情况：①公交车停在最后一个路段的终点（例如等待红绿灯）。对于这种情况，下一个路段的到达时间可以很容易地估计出来；②当蓝色交通灯亮起时，公交车直接从路段 e_{i-1} 行驶到另一个路段 e_i。在这种情况下，假设公交车以稳定的速度行驶，并使用两个位置（例如图 6.5.2 中的 e_{i-1} 上的 A 和 e_i 上的 B）来预测公交车到达十字路口的时间，即 e_{i-1} 路段的终点。具体地说，设 A、B 之间的行驶时间（即扫描周期）为 $t(A, B)$，则 A 到 e_{i-1} 路段终点 $e_{i-1}.\text{end}$ 的行驶时间可近似为 $\dfrac{t(A,B)d(A,e_{i-1}.\text{end})}{d_r(A,B)}$。因此，每个公交车在 $e_{i-1}.\text{end}$ 或 $e_i.\text{start}$ 的到达时间可以很容易地估计出来。根据每个路段的这些最新数据，可以根据式（6.4.2）估计下一班车在后续站点的到达时间。

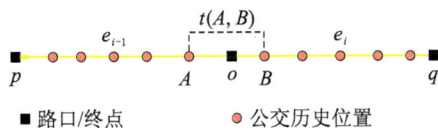

图 6.5.2　交叉路口识别

（4）实时交通地图的生成。生成交通地图的传统方法是基于车辆通过每个路段的速度。然而，这种方法可能存在一个问题，因为每条公交线路在同一路段行驶时通常有不同的限速。例如，一条快速公交线路（例如，图 6.1.1 中的快速线路）的公交车通常比普通公交车运行得更快（如图 6.1.1 中线路 9、14 和 16）；基于快速公交线路或普通公交数据的结果可能会产生误导。此外，不同的路段，例如，是否靠近学区，可能会有不同的速度限制。因此，WiLocator 基于每个路段的行驶时间而不是速度，生成实时交通地图。

具体来说，对于每个路段，根据当前和历史的行驶时间来确定交通状况。如果当前的行驶时间是标准差的 c_1 倍，大于平均行驶时间，则将这段路段标记为非常慢；或是标准差的 c_2（$c_2 < c_1$）倍，则标记为缓慢；否则，该路段将被标记为正常。这样，就可以生成实时交通地图。

当一个路段被标记为慢或非常慢时，WiLocator 将进一步检测具体原因，并以以下方式识别交通异常。对于每个轨迹 $(lat_i, long_i, t_i)$（$i = 1, 2, \cdots, n$），其中 $(lat_i, long_i)$ 表示在时间戳 t_i 的公交车位置 p_i，如果有两个整数 k, m（$1 < k < m < n$）使得 $d_r(p_i - 1, p_i) < \delta$（$k < i \leqslant m$），当 $i < k$ 或 $i > m$ 时满足 $d_r(p_i - 1, p_i) > \delta$，那我们认为 p_k 和 p_m 之间的位置将被视为异常地点（例如图 6.5.3 中 A 和 B 之间的位置），可能存在道路施工、交通事故等异常情况。系统参数 δ 是根据相应路段扫描周期内的历史道路距离确定的，其方法与上述确定参数 c_1（或 c_2）类似。其他可能导致识别为异常的情况，如在车站等待乘客的公交车或交通信号灯在十字路口变成绿灯，可以很容易地识别。

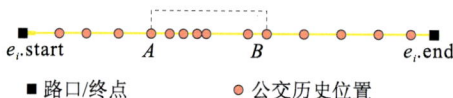

图 6.5.3　异常检测例子

6.5.2　实验结果

我们在安卓平台上实现了 WiLocator 和 WiLocator(p)的原型，并在线路 9、14、16 和快速线路的公交车上进行了实验，公交车主要运行在加拿大温哥华市的一条主要街道上（图 6.5.4），并收集了 3 周的真实数据。每条公交线路都与至少一条线路共享一些重叠路段。4 条线路的详细信息见表 6.5.1，Wi-Fi 信息扫描时间默认设置为 10 s。从地图运营商和 ShawGoWi-Fi 中获得 Wi-Fi AP 的地理标签，并在构造 SVD 后，根据记录的 RSS 值来推断公交车的位置。在 SVD 构建过程中，忽略了来自未知 AP（即没有地理标签）的信息，这对结果几乎没有影响，因为沿主要街道的每个路段至少分布了三个地理标记的 AP，假设所有影响信号传播的因素对于每个 AP 来说都是一样的，因为 Wi-Fi AP 的发射功率通常是有限的，而且现场勘测成本太高。为了计算定位误差，在一些固定位置收集 Wi-Fi 信号，以获得真实位置信息，默认测试公交车的速度为 15 km/h 左右。

图 6.5.4　四条公交线路（快速线路及线路 9、14 和 16），不同线路终点用不同形状标记

表 6.5.1　四条公交线路信息

线路	站点数量	长度/km	重叠长度/km
快速线路	19	13.7	13
9	65	16.3	13
14	74	20.6	16.2
16	91	18.3	9.5

注：重叠长度表示与一条或多条线路共享的重叠路段长度。

（1）公交定位精度。图 6.5.5（a）显示 WiLocator 对各路公交定位误差的累积分布函数。尽管公交乘客的移动设备捕获的 Wi-Fi 信号不稳定，但沿路段有足够的 Wi-Fi AP。利用公交的移动约束条件，WiLocator 实现了较高的定位精度，误差中位数小于 3 m，表明 SVD 具有实时公交定位的优点。

（2）影响因素的作用。首先研究 Wi-Fi AP 数量和 SVD 阶数对 WiLocator 性能的影响。图 6.5.6（a）描述了定位误差与 Wi-Fi AP 数量的关系。可以观察到，随着 AP 数量的增加，定位误差从 3.15 m 缓慢减小到 2.8 m。这是因为更多的 Wi-Fi AP，会将路段划分为更短的子路段，从而得到更准确的公交车位置。即使这些定位结果对室内场景来说可能不是很准确，但足以高精度预测公交车到达时间，因为公交车在道路上的行驶速度，

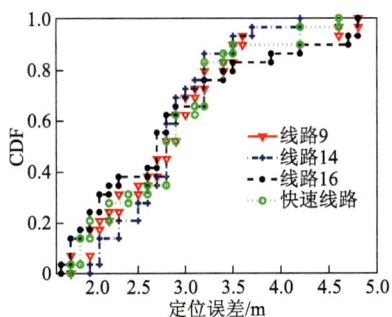

（a）定位误差累积分布函数　　　　（b）到达时间预测误差累积分布函数

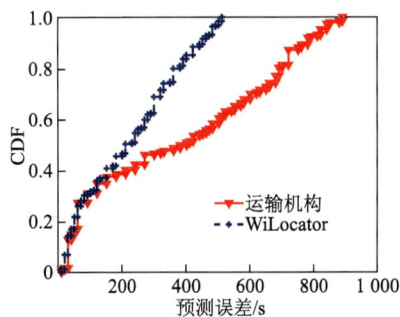

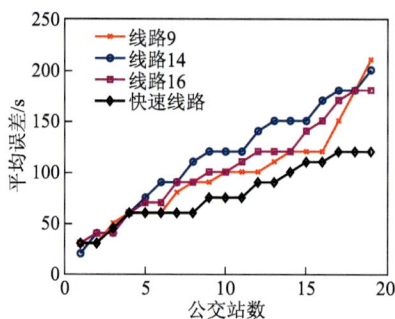

（c）公交站数与平均预测误差关系图

图 6.5.5　误差对比

通常比人们在室内的行走速度更快，这意味着实际上不需要太多的 Wi-Fi AP 来跟踪公交车。在图 6.5.6（b）中，当 SVD 阶数增加时，定位误差没有显著变化，而且在被测试的场景中，二阶 SVD 通常就足够了。

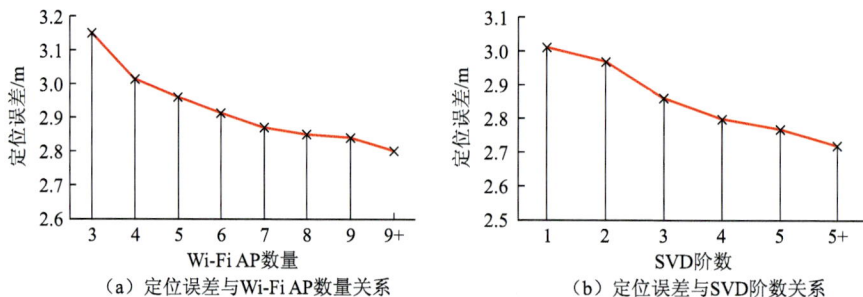

（a）定位误差与Wi-Fi AP数量关系　　（b）定位误差与SVD阶数关系

图 6.5.6　误差影响因素关系图

　　接下来研究公交车速度和 Wi-Fi 扫描周期对 WiLocator 和 WiLocator(p)的影响。图 6.5.7 描述了 WiLocator 和 WiLocator(p)在 4 s 扫描周期、不同公交车速度下，以及公交车在 20 km/h、不同 Wi-Fi 扫描周期下的性能比较结果。从图 6.5.7（a）可以观察到，随着公交车速度的加快，捕获的 Wi-Fi 信号往往更加不准确，导致平均定位误差从 2 m 左右增加到 8 m 以上。当扫描周期从 2 s 增加到 14 s 时，从图 6.5.7（b）中可以发现定位误差在减小，因为更长的扫描周期将产生更稳定的 Wi-Fi RSS 值和更准确的结果。此外还观察到 WiLocator(p)的性能略优于 WiLocator，因为它利用了长期、更稳定的历史数据。

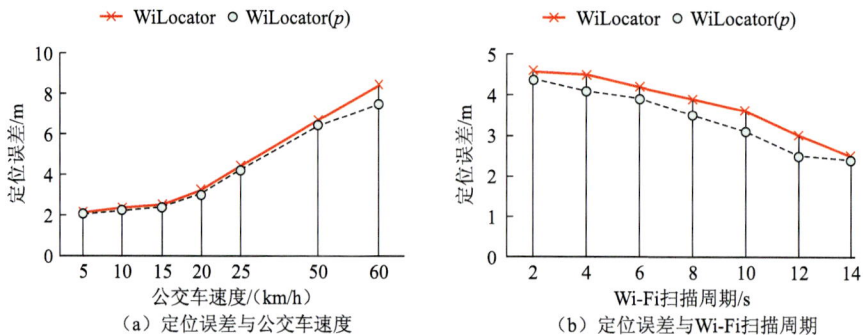

（a）定位误差与公交车速度　　　　　（b）定位误差与Wi-Fi扫描周期

图 6.5.7　对比实验

（3）到达时间预测。利用真实数据计算每个路段的行驶时间季节性指数，在此基础上，将每个工作日划分为 5 个时间段：8:00 以前、8:00—10:00（上午高峰时段）、10:00—16:00、18:00—19:00（下午高峰时段）和 19:00 以后。这里最关心的是高峰时段到达时间预测，这是相当具有挑战性的。图 6.5.5（b）给出了 WiLocator 和运输机构的到达时间预测误差的累积分布函数。预测误差的定义是真实到达时间和预测到达时间的绝对差值。WiLocator 的结果与运输机构差不多，主要不同之处在高峰时段，运输机构产生最大预测误差约 800 s，而 WiLocator 的最大误差是 500 s。图 6.5.5（c）显示了平均到达时间预测误差与高峰时段公交站数之间的关系。为了进行比较，这里只显示了前 19 个站点的预测误差，因为快速线只有 19 个站点。对于快速线路，两个停靠点间的距离比其他线路更远，所以它在重叠路段中受交通拥堵的影响较小，其预测误差也最小。随着公交车站越来越远，不确定性越高，实验发现预测误差总体上有增加的趋势，但在高峰时段的结果还是可以接受的，最大误差为 210 s。

（4）交通地图生成。首先，对于路段 e_i 上的每条公交线路 R_j，在时间段 l，计算历史行驶时间残差 $\hat{\varepsilon}_{i,l} = \dfrac{\sum j(T_h(i,j) - T_r(i,j))}{J}$，其中 J 为经过 e_i 路段的公交车数，排除线路相关因素的影响，计算残差的标准差 $\sigma(\varepsilon_{i,l})$。然后，当线路 R_j 的公交车刚刚经过某一路段（如路段 e_i）时计算统计量 $Z_{ij} = \dfrac{\varepsilon_{i,j} - E(\varepsilon_{i,l})}{\sigma(\varepsilon_{i,l})}$。根据经验法则，如果 $Z_{ij} < -1.64$，以 95% 的置信度将 e_i 标记为"非常慢"；如果 $Z_{ij} < -1.00$，将 e_i 标记为"慢"，否则认为该路段是正常的。

图 6.5.8 显示了由 WiLocator、交通运输机构和谷歌地图绘制的交通地图。可以看到，交通运输机构的交通地图有一些未经确认的路段，谷歌地图检测到了一些真正的异常情况，例如事故（最左边）和交通堵塞（以红色路段显示）。由图可知，在放大后，谷歌地图上也有没有标记的路段。WiLocator 也检测到一些异常情况，但没有一个路段没有标记，因为它利用时间相关性来推断未来的交通情况。正如预期的那样，有了更多的历史数据，WiLocator 可以提供更准确的实时交通地图。

（a）WiLocator地图

（b）交通运输机构地图

（c）谷歌地图

图 6.5.8　交通地图

6.6　公交定位与跟踪研究现状

本节将简要回顾与本章内容相关的两个领域研究工作，即基于 Wi-Fi 的定位和公交车跟踪。

6.6.1　基于 Wi-Fi 的定位

1. 基于指纹的定位

基于射频指纹的定位[24, 26]是应用较为广泛的方法，通常包括离线训练和在线匹配两个阶段。在离线训练（所谓的校准）阶段，对 RSS 值进行现场测量、建立指纹数据库，并通过将观察到的 RSS 值与指纹数据库进行匹配，实现移动设备的定位。由于校准（或现场调查）耗时耗力，所以学者们提出了一系列解决方案来减少成本。例如，预想到移动性可以增强可定位性能[27]，Wu 等[25, 28]和 Yang 等[29]用具有内置惯性测量单元传感器（例如加速度计、陀螺仪等）的智能手机捕捉的用户运动信息，取代指纹库构建且无须现场调查，能实现房间级的准确度。Wang[30]利用了某些位置的可识别签名，例如电梯、走廊、拐角等，将它们作为室内环境中的内部地标，使得移动设备可以重新校准它们的位置。但遗憾的是，虽然这些解决方案需要的指纹库的构建成本更低，但定位精度往往不高。

近来，信道状态信息（channel state information，CSI）已被成功应用于室内定位。与单值的 RSS 值相比，CSI 有多个值，可描述频域内每个子载波的成对振幅相位，并提供来自物理层的细粒度信息。最重要的是，CSI 比 RSS 更稳定。因此，Wu 等[28]提出建立基于 CSI 的指纹数据库，并证明了 CSI 可以提高定位精度。但目前 COTS 移动设备还不能捕获 Wi-Fi CSI，这可能限制了它们在现实中的应用。

2. 基于模型的定位

为了避免使用指纹数据库，一些研究人员利用对数距离路径损失（log-distance path loss，LDPL）等射频传播模型来实现室内定位[31-36]。例如，假设 Wi-Fi 覆盖足够密集，EZ[18]利用信号传播物理模型对观察结果进行建模，并基于所提出的遗传算法定位移动用户。WiGem[32]建立了 RSS 值的高斯混合模型，其中参数在学习阶段通过期望最大化方法进行估计，并根据最大后验规则确定设备的位置。Lim 等[33]在给定的位置部署 Wi-Fi 探测器，并结合 RSS 值和 LDPL 模型来构建用于本地定位的 RSS 地图。类似地，有研究人员使用了部署在已知位置的嗅探器（sniffer）和射线跟踪模型。Madigan 等[31]发现分层贝叶斯方法可以与 Wi-Fi 信号的性质相结合，从而提出了一种零画像定位方案。除了使用 LDPL 等射频传播模型外，一些研究人员还建议使用到达时间[36]、到达时差[37]、到达角度[17]等几何模型来定位移动设备。基于模型的定位技术极大地减少了构建指纹库的成本，但代价是定位精度往往很低。也就是说，在准确度与成本间存在权衡取舍问题。

6.6.2　实时公交车跟踪

目前主要有两种方法来跟踪公交车：基于 GPS 和基于蜂窝基础设施。

基于 GPS 的跟踪系统的主要局限性如下：①耗电量非常大。②为每辆公交车配备车载设备将产生巨大的沉淀和维护成本[1]，该方案令人望而却步，特别是对于许多只运营少数公共汽车的小型交通机构而言。③城市几何形状（或所谓的"城市峡谷"）会导致基于 GPS 的定位系统产生不准确的定位结果，高层建筑物或隧道将阻塞通往卫星的视距路径，从而产生多路径问题，将导致公交车在没有卫星信号覆盖区域的误差高达几百米。这种"城市峡谷"效应也存在于居民区或校园[22]等环境中。④当公交车偏离常规线路或者是异常事件导致公交车几分钟都无法移动时，它不能估计到达时间[38]。为了节省提供实时跟踪和到达时间预测服务的成本，Biagioni 等[19]提出了 EasyTracker 这样一个可以自动跟踪公交车和预测到达时间的系统。然而，即使只激活 GPS 而不运行其他程序，通常智能手机也会在不到 12 h 内耗尽电量[22, 39, 40]。除此之外，"城市峡谷"问题也使得在城市环境中准确跟踪公交车并非易事。

另一种方法是基于智能手机群智感知的基站序列匹配方法[22]。在城市中，信号塔的覆盖范围可以达到 800 m 左右，公交车乘客需要几分钟才能捕获稳定的基站序列，这可能会导致精度较低。城市环境中重叠的路段也给实时公交跟踪带来了巨大的挑战。

6.7　结　　论

本章利用基于智能手机的群智感知，研究了城市地区的公交定位和到达时间预测问题，并设计了一种利用公交的移动约束以及公交在同一路段上行驶时间一致性的方案。基于公交车周围 Wi-Fi AP 的 RSS 值的秩的信息，而不是依赖于 Wi-Fi AP 或信号模型的指纹识别，来构建 SVD 并实现公交定位。此外，本章还提出了一种基于历史数据来跟踪公交车的方案。对于每个路段，计算公交车行驶时间的季节性指数，以及公交车在每个时间段的历史行驶时间。通过结合共享相同路段的公交线路的历史和最近的行驶时间，预测公交到达预定站点的时间。

参 考 文 献

[1] THIAGARAJAN A, BIAGIONI J, GERLICH T, et al. Cooperative transit tracking using smart-phones[C]// SenSys'10: Proceedings of the 8th ACM Conference on Embedded Networked Sensor Systems, November 3-5, 2010, Zürich, Switzerland. New York: ACM, 2010: 85-98.

[2] PAEK J, KIM K H, SINGH J P, et al. Energy-efficient positioning for smartphones using Cell-ID sequence matching[C]//MobiSys'11: Proceedings of the 9th International Conference on Mobile Systems, Applications, and Services, June 28-July 1, 2011, Bethesda, Maryland, USA. New York: ACM, 2011: 293-306.

[3] THIAGARAJAN A, RAVINDRANATH L, LACURTS K, et al. VTrack: accurate, energy-aware road traffic delay estimation using mobile phones[C]//Proceedings of the 7th ACM Conference on Embedded Networked Sensor Systems, November 4-6, 2009, Berkeley, California. New York: ACM, 2009: 85-98.

[4] THIAGARAJAN A, RAVINDRANATH L, BALAKRISHNAN H, et al. Accurate, low-energy trajectory mapping for mobile devices[C]//NSDI'11: Proceedings of the 8th USENIX Conference on Networked Systems Design and Implementation, March 30-April 1, 2011, Boston, MA. Berkeley: USENIX Association, 2011: 267-280.

[5] ZHOU P F, JIANG S Q, LI M. Urban traffic monitoring with the help of bus riders[C]//2015 IEEE 35th International Conference on Distributed Computing Systems, June 29-July 2, 2015, Columbus, OH, USA. New York: IEEE, 2015: 21-30.

[6] ZHOU P F, ZHENG Y Q, LI M. How long to wait? predicting bus arrival time with mobile phone based participatory sensing[C]//MobiSys'12: Proceedings of the 10th International Conference on Mobile Systems, Applications, and Services, June 25-29, 2012, Low Wood, Bay Lake District, UK. New York: ACM, 2012, 379-392.

[7] ZHOU P F, ZHENG Y Q, LI M. How long to wait? predicting bus arrival time with mobile phone based participatory sensing[J]. IEEE Transactions on Mobile Computing, 2014, 13(6): 1228-1241.

[8] AZIZYAN M, CONSTANDACHE I, ROY CHOUDHURY R. SurroundSense: mobile phone localization via ambience fingerprinting[C]//MobiCom'09: Proceedings of the 15th Annual International Conference on Mobile Computing and Networking, September 20-25, 2009, Beijing China. New York: ACM, 2009: 261-272.

[9] BAHL P, PADMANABHAN V N. RADAR: an in-building RF-based user location and tracking system[C]//Proceedings IEEE INFOCOM 2000. Conference on Computer Communications. 19th Annual Joint Conference of the IEEE Computer and Communications Societies (Cat. No.00CH37064), March 26-30, 2000,Tel Aviv, Israel. New York: IEEE, 2000: 775-784.

[10] CHENG Y C, CHAWATHE Y, LAMARCA A, et al. Accuracy characterization for metropolitan-scale Wi-Fi localization[C]//MobiSys'05: Proceedings of the 3rd International Conference on Mobile Systems, Applications, and Services, June 6-8, 2005, Seattle Washington, USA. New York: ACM, 2005: 233-245.

[11] GWON Y, JAIN R, KAWAHARA T. Robust indoor location estimation of stationary and mobile users[C]//IEEE INFOCOM 2004, March 7-11, 2004, Hong Kong, China. New York: IEEE, 2004: 1032-1043.

[12] HAEBERLEN A, FLANNERY E, LADD A M, et al. Practical robust localization over large-scale 802.11 wireless networks[C]//MobiCom'04: Proceedings of the 10th Annual International Conference on Mobile Computing and Networking, September 26-October 1, 2004, Philadelphia, PA, USA. New York: ACM, 2004: 70-84.

[13] PARK J G, CHARROW B, CURTIS D, et al. Growing an organic indoor location system[C]//MobiSys'10: Proceedings of the 8th International Conference on Mobile Systems, Applications, and Services, June 15-18, 2010, San Francisco, California, USA. New York: ACM, 2010: 271-284.

[14] ROOS T, MYLLYMAKI P, TIRRI H. A statistical modeling approach to location estimation[J]. IEEE Transactions on Mobile Computing, 2002, 1(1): 59-69.

[15] YOUSSEF M, AGRAWALA A. Handling samples correlation in the Horus system[C]//IEEE INFOCOM 2004, March 07-11, 2004, Hong Kong, China. New York: IEEE, 2004: 1023-1031.

[16] YOUSSEF M, AGRAWALA A. The Horus WLAN location determination system[C]//MobiSys'05: Proceedings of the 3rd International Conference on Mobile Systems, Applications, and Services, June 6-8, 2005, Seattle Washington. New York: ACM, 2005: 205-218.

[17] ZHANG Z B, ZHOU X, ZHANG W L, et al. I am the antenna: accurate outdoor AP location using smartphones[C]//MobiCom'11: Proceedings of the 17th Annual International Conference on Mobile Computing and Networking, September 19-23, 2011, Las Vegas Nevada USA. New York: ACM, 2011: 109-120.

[18] CHINTALAPUDI K, PADMANABHA IYER A, PADMANABHAN V N. Indoor localization without the pain[C]//MobiCom'10: Proceedings of the 16th Annual International Conference on Mobile Computing and Networking, September 20-24, 2010, Chicago, Illinois, USA. New York: ACM, 2010: 173-184.

[19] BIAGIONI J, GERLICH T, MERRIFIELD T, et al. EasyTracker: automatic transit tracking, mapping, and arrival time prediction using smartphones[C]//SenSys'11: Proceedings of the 9th ACM Conference on Embedded Networked Sensor Systems, November 1-4, 2011, Seattle Washington, USA. New York: ACM, 2011: 68-81.

[20] CONSTANDACHE I, GAONKAR S, SAYLER M, et al. EnLoc: energy-efficient localization for mobile phones[C]//IEEE INFOCOM 2009, April 19-25, 2009, Rio de Janeiro, Brazil. New York: IEEE, 2009: 2716-2720.

[21] LIN K S, KANSAL A, LYMBEROPOULOS D, et al. Energy-accuracy trade-off for continuous mobile device location[C]//MobiSys'10: Proceedings of the 8th International Conference on Mobile Systems, Applications, and Services, June 15-18, 2010, San Francisco, California, USA. New York: ACM, 2010: 285-298.

[22] PAEK J, KIM J, GOVINDAN R. Energy-efficient rate-adaptive GPS-based positioning for smartphones[C]//

MobiSys'10: Proceedings of the 8th International Conference on Mobile Systems, Applications, and Services, June 15-18, 2010, San Francisco, California, USA. New York: ACM, 2010: 299-314.

[23] IOSIFIDIS G, GAO L, HUANG J W, et al. A double-auction mechanism for mobile data-offloading markets[J]. IEEE/ACM Transactions on Networking, 2015, 23(5): 1634-1647.

[24] LIU H B, GAN Y, YANG J, et al. Push the limit of Wi-Fi based localization for smartphones[C]// Mobicom'12: Proceedings of the 18th Annual International Conference on Mobile Computing and Networking, August 22-26, 2012, Istanbul, Turkey. New York: ACM, 2012: 305-316.

[25] WU C S, YANG Z, LIU Y H, et al. WILL: wireless indoor localization without site survey[J]. IEEE Transactions on Parallel and Distributed Systems, 2013, 24(4): 839-848.

[26] LADD A M, BEKRIS K E, RUDYS A, et al. Robotics-based location sensing using wireless Ethernet[C]//MobiCom'02: Proceedings of the 8th Annual International Conference on Mobile Computing and Networking, September 23-28, 2002, Atlanta, Georgia, USA. New York: ACM, 2002: 227-238.

[27] YANG Z, WU C S, ZHOU Z M, et al. Mobility increases localizability: a survey on wireless indoor localization using inertial sensors[J]. ACM Computing Surveys, 2015, 47(3): 1-34.

[28] WU C S, YANG Z, LIU Y H, et al. WILL: wireless indoor localization without site survey[C]//2012 Proceedings IEEE INFOCOM. March 25-30, 2012. Orlando, FL, USA. New York: IEEE, 2012: 64-72.

[29] YANG Z, WU C S, LIU Y H. Locating in fingerprint space: wireless indoor localization with little human intervention[C]//Mobicom'12: Proceedings of the 18th Annual International Conference on Mobile Computing and Networking, August 22-26, 2012, Istanbul, Turkey. New York: ACM, 2012: 269-280.

[30] WANG H, SEN S, ELGOHARY A, et al. No need to war-drive: unsupervised indoor localization[C]// MobiSys'12: Proceedings of the 10th International Conference on Mobile Systems, Applications, and Services, June 25-29, 2012, Low Wood Bay Lake District UK. New York: ACM, 2012: 197-210.

[31] MADIGAN D, EINAHRAWY E, MARTIN R P, et al. Bayesian indoor positioning systems[C]// Proceedings IEEE 24th Annual Joint Conference of the IEEE Computer and Communications Societies, March 13-17, 2005, Miami, FL, USA. New York: IEEE, 2005: 1217-1227.

[32] GOSWAMI A, ORTIZ L E, DAS S R. WiGEM: a learning-based approach for indoor localization[C]// Proceedings of the 7th Conference on Emerging Networking Experiments and Technologies, December 6-9, 2011, Tokyo, Japan. New York: ACM, 2011: 1-12.

[33] LIM H, KUNG L C, HOU J C, et al. Zero-configuration, robust indoor localization: theory and experimentation[C]//Proceedings IEEE INFOCOM 2006. 25th IEEE International Conference on Computer Communications, April 23-29, 2006, Barcelona, Spain. New York: IEEE, 2006: 1-12.

[34] NICULESCU D, NATH B. VOR base stations for indoor 802.11 positioning[C]//MobiCom'04: Proceedings of the 10th Annual International Conference on Mobile Computing and Networking, September 26-October 1, 2004, Philadelphia, PA, USA. New York: ACM, 2004: 58-69.

[35] XIONG J, JAMIESON K. ArrayTrack: a fine-grained indoor location system[C]//nsdi'13: Proceedings of the 10th USENIX Conference on Networked Systems Design and Implementation, April 2-5, 2013, CA,

USA.New York: ACM, 2013: 71-84.

[36] YOUSSEF M, YOUSSEF A, RIEGER C, et al. PinPoint: An asynchronous time-based location determination system[C]//MobiSys'06: Proceedings of the 4th International Conference on Mobile Systems, Applications and Services, June 19-22, 2006, Uppsala, Sweden. New York: ACM, 2006: 165-176.

[37] PRIYANTHA N B, CHAKRABORTY A, BALAKRISHNAN H. The Cricket location-support system[C]//MobiCom'00: Proceedings of the 6th Annual International Conference on Mobile Computing and Networking, August 6-11, 2000, Boston, Massachusetts, USA. New York: ACM, 2000: 32-43.

[38] CTA Bus Tracker[EB/OL]. [2018-04-18]http: //www.ctabustracker.com/bustime.

[39] WANG Y, LIN J L, ANNAVARAM M, et al. A framework of energy efficient mobile sensing for automatic user state recognition[C]//MobiSys'09: Proceedings of the 7th International Conference on Mobile Systems, Applications, and Services, June 22-25, 2009, Kraków, Poland. New York: ACM, 2009: 179-192.

[40] ZHUANG Z Y, KIM K H, SINGH J P. Improving energy efficiency of location sensing on smartphones[C]//MobiSys'10: Proceedings of the 8th International Conference on Mobile Systems, Applications, and Services, June 15-18, 2010, San Francisco, California, USA. New York: ACM, 2010: 315-330.